J. Rafelski / B. Müller

DIE STRUKTUR DES VAKUUMS

Ein Dialog über das „Nichts“

J. Rafelski / B. Müller
Universität Kapstadt und Universität Frankfurt

DIE STRUKTUR DES VAKUUMS

Ein Dialog über das „Nichts“

Verlag Harri Deutsch
1985

CIP-Kurztitelaufnahme der Deutschen Bibliothek

Rafelski, Johann:
Die Struktur des Vakuums : e. Dialog über d. „Nichts“ /
Johann Rafelski ; Berndt Müller. —
Thun ; Frankfurt am Main : Deutsch, 1985. —
Engl. Ausg. u.d.T.: Rafelski, Johann: The structured vacuum
ISBN 3-87144-888-5

NE: Müller, Berndt:

Herstellung: Fuldaer Verlagsanstalt GmbH, Fulda
Printed in Germany

Inhaltsverzeichnis

Vorwort

Die Erkenntnis, daß die Struktur des Vakuums einen maßgeblichen Einfluß auf die Naturgesetze hat, hat eine - fast unsichtbare - Revolution des physikalischen Denkens ausgelöst, deren Konsequenzen erst in ihren Grundzügen erfaßt sind. Die neue Sicht ermöglicht es heute, Fragen wissenschaftlich anzugehen, die vor kurzem noch in das Reich der Utopie-Romane gehörten.

Dieses Buch gibt in Dialogform einen Überblick über den Stand der Entwicklung Anfang 1985 aus der keineswegS unparteiischen Sicht der Autoren.

Wir danken den Physik-Studenten der Universität Kapstadt, insbesondere D. Crouch, G. Hough, G. Littleworth and D. von Oertzen für ihre Beteiligung an einer Vorlaufdiskussion, die mit der Frage endete:

"Werden wir auf den Arm genommen?"

Die Antwort ist: nein! Alles hier Gesagte entspricht dem besten wissenschaftlichen Wissen der Autoren.

Unser besonderer Dank gilt Mary Anne Schütrumpf für das Schreiben des Manuskripts und Dipl. Phys. Ulrike Kramer für die Hilfe beim sprachlichen Editieren des auf Tonband gesprochenen Dialogs.

Wir danken außerdem allen Lesern des vorläufigen Manuskripts, die uns anregende Hinweise gegeben haben.

B. Müller und J. Rafelski

Frankfurt, Februar 1985

Kapstadt, März 1985

Prolog

R: Als wir daran gingen, ein Buch über das Vakuum zu schreiben, merkten wir sehr schnell, daß unser Stil zu einem Buch führte, das nur für fortgeschrittene Studenten verständlich war.

M: Aber wir wollten doch ein Buch schreiben, das auch für Studienanfänger, Gymnasiasten, Lehrer oder andere interessierte Wissenschaftler leicht zu verstehen ist.

R: Ja. Es sollte eigentlich kein Forschungsbuch werden, sondern ein Buch, in dem die neuen Erkenntnisse über das Vakuum allgemein verständlich erklärt werden.

M: Ich denke, es sollte ein Buch werden, in dem nur die grundlegenden Ideen der modernen Forschung erklärt werden, die für unser Verständnis der Natur wichtig sind, aber nicht die technischen Details.

R: Ein solches Buch wird auch dringend gebraucht. Denn unser Verständnis der fundamentalen Naturgesetze hat sich in den letzten Jahren so stark und schnell verändert, daß interessierte Laien die Veränderung oft nicht verstehen oder überhaupt gar nicht bemerkt haben. Das neue Verständnis des Vakuums erlaubt uns heute, nach Mitteln und Wegen zu suchen, die Naturgesetze zu verändern.

M: Ja, unsere Horizonte haben sich entscheidend erweitert. Laß uns darüber miteinander diskutieren.

Kapitel 1

(Das) Vakuum

Das Vakuum und die Naturgesetze

R: Ist es denn überhaupt wichtig, das Vakuum zu verstehen, wenn man die Gesetze der Physik verstehen will?

M: Ja. Das ist wirklich eine der überraschenden Erkenntnisse, die wir im letzten Jahrzehnt gewonnen haben. Das Vakuum hat eine große Bedeutung für die Gesetze der Physik, und ergänzt sie in gewisser Weise. Dieselben Naturgesetze würden völlig andere Phänomene beschreiben, wenn sie in einem anderen Vakuum gelten würden.

R: Das Vakuum ist also eine Art Rahmen, in dem die physikalischen Vorgänge ablaufen, nicht wahr?

M: Richtig. Wir stellen uns das Vakuum heute ein wenig wie ein Medium in der klassischen Physik vor. Man kann zum Beispiel die gleichen Gesetze haben, welche die Ausbreitung von Licht in verschiedenen Medien beschreiben, aber weil es sich um verschiedene Medien handelt, sind die Phänomene sehr unterschiedlich.

Vakuum = Materiefreier Raum

R: Sehr schön. Das Vakuum, das Nichts, ist also in Wirklichkeit Etwas. Aber das klingt ja ganz anders als die übliche Definition des Vakuums, die man etwa in einem Lexikon findet.

M: Nun, in einem Lexikon steht wahrscheinlich, daß das Vakuum ein Raum frei von aller Materie ist.

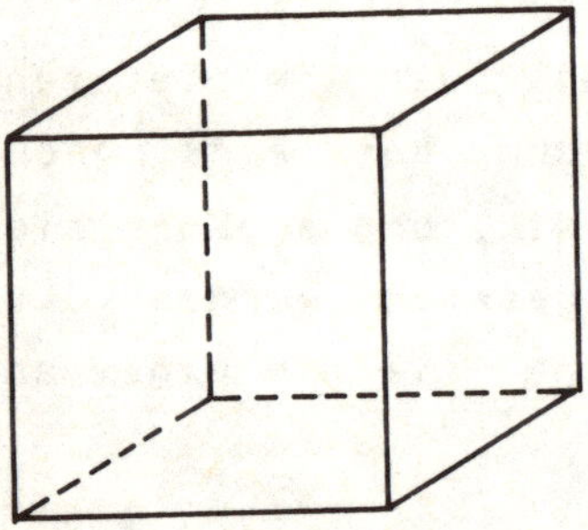

Fig. 1.1: Veranschaulichung der naiven Definition des Vakuums als materiefreier Raum.

R: Mit einem materiefreien Raum ist wohl ein Raum gemeint, aus dem alle sichtbare und reelle Materie entfernt worden ist. Das Vakuum ist also ein Raumgebiet, das keine materiellen Gegenstände enthält.

M: Ja, richtig. Aber diese Vorstellung ist natürlich vor langer Zeit entstanden. Ingenieure und Wissenschaftler versuchten, ein Vakuum herzustellen, indem sie alle Materie aus einem bestimmten Raumgebiet entfernt haben. In der klassischen Physik war das eine richtige Beschreibung. Die Quantenphysik und speziell die Relativitätstheorie haben dies jedoch gewaltig verändert.

Geschichte des Vakuums

R: Ja, da hast Du recht. Wir haben einen langen Weg zurückgelegt. Die Vorstellung vom Vakuum ist lange vor der Geburt der modernen Physik entstanden. Vakuum als Begriff wurde eingeführt, damit man von der Abwesenheit von Materie sprechen konnte. Und in dieser Weise drückte es das Verständnis der alten Griechen von der Natur und den natürlichen Vorgängen aus. Diese Konzepte wurden im Laufe des 17. Jahrhunderts wieder zum Leben erweckt, als der technische Fortschritt es erlaubte, die Luft vollständig oder fast vollständig aus einem Gefäß zu entfernen, so daß der restliche Luftdruck nur noch sehr gering war. Bei diesen Vorstellungen des Vakuums geht man natürlich von einem materiellen Begriff aus.

M: Aber interessanterweise brauchten die alten griechischen Philosophen das Vakuum auch, daß sich die

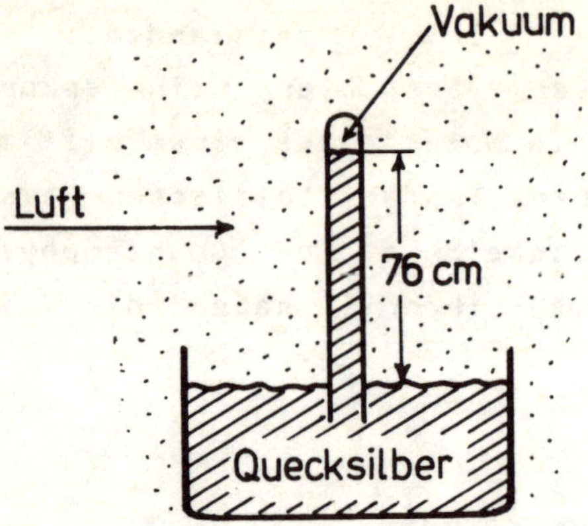

Fig. 1.2: Torricelli bewies die Existenz des makroskopischen Vakuums mit seinem Barometerversuch.

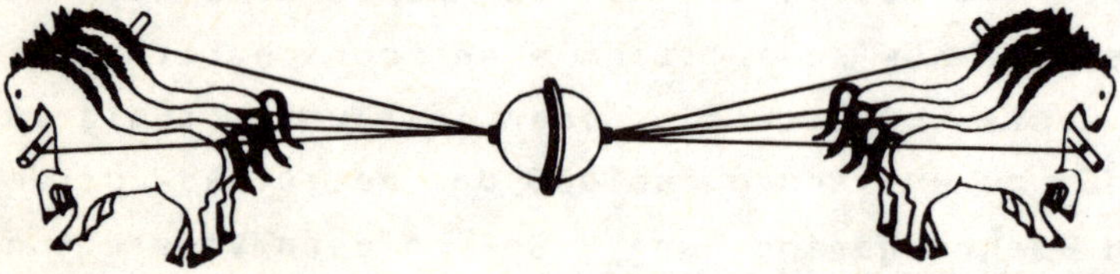

Fig. 1.3: Die berühmte Demonstration von Otto von Guericke, daß acht Pferde nicht in der Lage sind, zwei Kugelhälften zu trennen, aus denen die Luft herausgepumpt worden ist.

Atome, die nach ihren Vorstellungen alle Materie aufbauten, im Raum frei bewegen konnten, sich zu materiellen Gegenständen vereinigen und wieder auflösen konnten. Als das Vakuum als der Begriff des materiefreien Raumes, in dem sich die Gegenstände oder die Himmelskörper bewegen können, wiederentdeckt wurde, war das Konzept eines Atomes unbekannt. Newton sagte nichts über Atome.

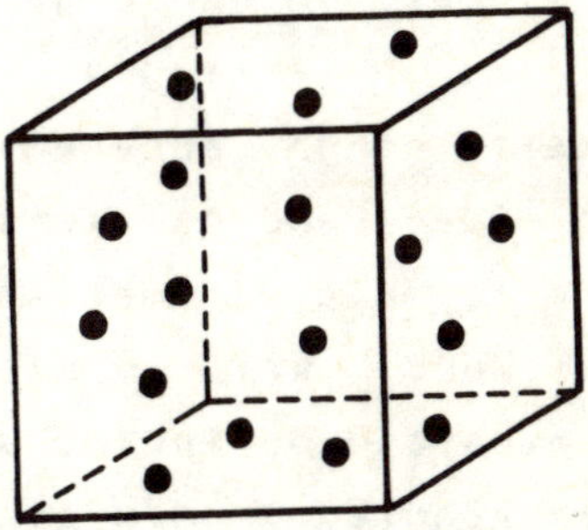

Fig. 1.4: Die alten griechischen Philosophen glaubten, daß alle Dinge aus Atomen aufgebaut sind, die sich im Vakuum bewegen.

R: Kannte denn Newton schon den Begriff des Vakuums? Bewegten sich seine Himmelskörper, seine Planeten in einem Vakuum?

M: Leider habe ich Newtons Schriften nicht so genau studiert, um das mit Sicherheit sagen zu können. Aber die Naturwissenschaftler im Jahrhundert nach Newton sprachen ganz bestimmt über ein Vakuum, in dem sich die Himmelskörper bewegen.

Lichtgeschwindigkeit im Vakuum

R: Ich bin sehr erstaunt über den Unterschied zwischen dem alten Begriff des Vakuums, wie wir ihn mit mehr oder weniger geringen Änderungen bis vor vielleicht zwanzig oder dreißig Jahren als allgemeingültig betrachtet haben, und dem modernen Begriff des Vakuums, in dem die Lichtgeschwindigkeit sogar verschiedene Werte annehmen kann. Ist es denn wahrscheinlich, daß wir irgendwann einmal in der Lage sein werden, einen Vakuumszustand zu erzeugen, in dem die Lichtgeschwindigkeit einen anderen Wert hat als im heutigen Vakuum? Oder anders herum gefragt: hat die Lichtgeschwindigkeit, die wir messen, einfach deswegen einen bestimmten Wert, weil wir uns in einem ganz bestimmten Vakuumzustand befinden, während ein anderes Vakuum existieren könnte, in dem die Lichtgeschwindigkeit einen anderen Wert hat?

M: Ja, das könnte wirklich so sein. Wir wissen das leider nicht genau. Aber wir wissen zum Beispiel, daß sich die Lichtgeschwindigkeit ändert, wenn im Vakuum ein starkes elektrisches oder ein starkes magnetisches Feld vorhanden ist. Allerdings ist die Lichtgeschwindigkeit in allen diesen Fällen kleiner als im feldfreien Vakuum.

Es gibt verschiedene Vakua!

R: Richtig. Ein Übergang von einem Vakuum zu einem anderen ist aber höchstwahrscheinlich ein Ereignis mit katastrophalen Folgen, weil sich dabei nämlich auch viele andere Eigenschaften der physikalischen Systeme ändern würden, und nicht nur die Lichtgeschwindigkeit. Wir können die neuen Eigenschaften aber nicht ausnutzen. Zum Beispiel könnten wir nicht mit Überlichtgeschwindigkeit reisen, weil unser Körper in dem neuen Vakuum nicht existieren könnte. Wir müssen uns aber darüber im klaren sein, daß unser Vakuum nicht unbedingt das einzige ist. Es könnte ja noch andere geben. Aber ich denke, wir sollten uns jetzt langsam darüber unterhalten, wie man tatsächlich dazu kommt, das Vakuum als etwas Komplexes zu betrachten, etwas, was eine Struktur hat, mehrere Formen annehmen kann, und Informationen enthält. Vielleicht sollten wir damit beginnen, das Vakuum zu definieren.

M: Ja, das ist eine gute Idee. Aber wir müssen dabei die Ideen der modernen Physik berücksichtigen. Wir müssen zum Beispiel beachten, daß Materie nur eine spezielle Form der Energie ist. Wir müssen deshalb nicht nur alle Materie aus einem Raumgebiet entfernen, um ein Vakuum zu erzeugen, sondern auch die ganze Energie, weil sich diese Energie sonst in Materie umwandeln kann und so nach einer gewissen Zeit wieder als Materie erscheinen kann. Ich denke also, daß wir als erstes die Beziehungen zwischen Materie und Energie erklären müssen.

Energie und Materie im Vakuum ($E = mc^2$)

R: Nun, Einstein hat ja schon zu Beginn dieses Jahrhunderts erkannt, daß alle Formen der Energie verwandt sind, und daß Materie tatsächlich nur eine besondere Form der Energie ist. Die Masse eines Körpers entspricht einer außerordentlich großen Menge von Energie, die man unter bestimmten Bedingungen nutzbar machen kann.

M: Jan, gib bitte ein Beispiel, wo das gemacht wird.

R: Die wichtigste Anwendung ist heute die Kernspaltung. Bei der Spaltung eines schweren Atomkerns wird ein kleiner Bruchteil seiner Masse in Form von Energie frei. In einem schweren Atomkern sind viele Protonen auf engem Raum versammelt, und zwischen diesen Protonen wirkt eine abstoßende elektrische Kraft. Die Kernkraft ist jedoch größer und hält den Kern zusammen. Wenn es aber gelingt, den Kern durch Bestrahlungen mit Neutronen zu spalten, dann wird eine beträchtliche Energie frei, weil die beiden Bruchstücke wegen der elektrischen Abstoßung mit hoher Geschwindigkeit auseinander fliegen. Daß diese Energie aus der Masse des Ausgangskernes gewonnen wird, kann man daran sehen, daß die Masse des ursprünglichen Atomkernes etwas größer ist als die Summe der Massen der beiden Bruchstücke.

M: Die zwei Hälften eines Urankerns sind also leichter, d.h. sie haben zusammen weniger Masse als ein Urankern.

Und das ist genau die Energie, die in einem Kernreaktor freigesetzt und nutzbar gemacht wird.

R: Ja. In der Sonne spielt sich sogar ein noch bedeutenderer Vorgang ab, und zwar die Kernverschmelzung. Wasserstoffkerne werden durch die Kernkraft aneinander gebunden und bilden ein Alphateilchen, das aus vier Nukleonen besteht. Dabei wird ein beträchtlicher Bruchteil der Ruhemasse der vier Nukleonen in freie Energie umgewandelt. Das ist die Energie, die von der Sonne abgestrahlt wird, aufgrund derer wir leben und der alle anderen Energieformen wie zum Beispiel Kohle, Öl, Wind usw. ihr Dasein verdanken. Die Tatsache, daß Masse und Energie ein- und dasselbe sind, ist also klar. Wenn wir nun ein elektromagnetisches Feld haben, das einen materiefreien Raum durchsetzt, dann kann sich dieses elektromagnetische Feld in Materie umwandeln. Wir müssen also unsere Definition des Vakuums als materiefreien Raum erweitern und sagen, daß der Raum frei von Materie und Felder sein muß.

Quantenphysik und klassische Physik

M: Ganz recht. Es gibt aber auch noch einen zweiten Aspekt, der für unsere Vorstellung vom Vakuum sehr wichtig ist und aus der Quantenphysik herkommt, weil die Prozesse, bei denen sich Energie in Materie umwandelt, nicht in makroskopischen Dimensionen ablaufen. Die einzigen Fälle, die man kennt, spielen sich im atomaren Bereich ab. Solche Prozesse werden von der

Quantenphysik beschrieben. Das hat mit der Unschärfe-Relation der Quantenmechanik zu tun.

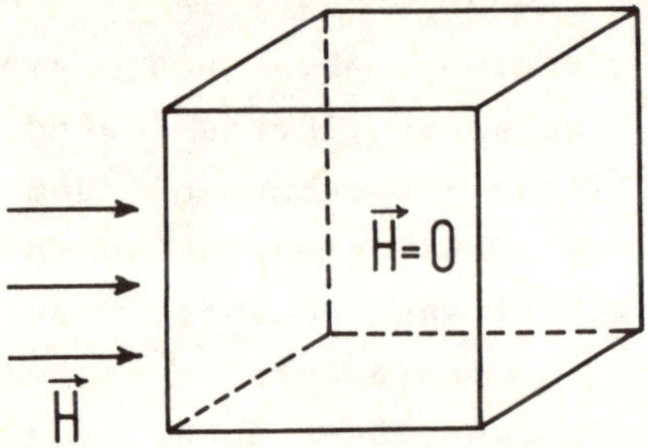

Fig. 1.5: Erweiterte Definition des Vakuums als materie- und feldfreier Raum.

R: Was versteht man unter Quantenmechanik, Berndt?

M: Quantenmechanik ist die physikalische Theorie der Vorgänge auf atomarer oder subatomarer Ebene.

R: Heißt das, daß die klassische Mechanik nur die Bewegung großer Körper beschreibt, während die Quantenmechanik die Erweiterung der klassischen Mechanik auf sehr kleine Systeme ist?

M: Nun, ich würde das lieber etwas anders ausdrücken. Die klassische Physik ist eine Art Grenzfall der Quantenphysik. Damit meine ich, daß sich bekanntlich alle makroskopischen Phänomene aus vielen, vielen mikroskopischen Phänomenen zusammensetzen, z.B. ist die Bewegung eines Balles nichts anderes als die Bewegung der vielen Atome, aus denen der Ball besteht. Alle

Atome müssen sich im Prinzip nach den quantenmechanischen Gesetzen bewegen, und das tun sie ja auch. Wenn wir aber die Bewegung eines Balles beobachten, dann beobachten wir so etwas wie den Mittelwert der Bewegung der Atome, aus denen der Ball besteht, also so etwas wie die am meisten wahrscheinliche Bewegung eines Atoms. Man kann auch streng zeigen, daß die klassische Physik als ein Grenzfall der Quantenmechanik aufgefaßt werden kann.

Unschärferelation und Nullpunktsbewegung

R: In welchem Aspekt unterscheidet sich aber die quantenmechanische Bewegung eines Elektrons von der klassischen Bewegung eines Balles.

M: Die quantenmechanische Bewegung enthält eine Mittelung über alle verfügbaren Wege, die eingeschlagen werden können, und deshalb kann man keine sichere Voraussage treffen, welcher Weg eingeschlagen wird, außer wenn im klassischen Grenzfall ein einziger Weg dominiert.

R: Die Quantenmechanik ist also die fundamentalere Theorie. Es ist sehr wichtig, sich klarzumachen, daß man in atomaren Dimensionen die Gewißheit der Vorhersage eines Ereignisses verliert. Man kann nur noch eine Wahrscheinlichkeit dafür angeben, ob ein bestimmtes Ereignis eintritt. Nur im klassischen Grenzfall können wir eine sichere Vorhersage machen. In den atomaren Bereichen, in denen nur die

Quantenmechanik die Phänomene richtig beschreibt, können wir nur noch von der Wahrscheinlichkeit eines bestimmten Ereignisses sprechen. Die Unschärfe-Relation drückt diesen Zusammenhang quantitativ aus. Sie sagt, mit welcher Genauigkeit man Ort und Impuls eines Teilchens gleichzeitig messen kann. Wenn man mit beliebiger Genauigkeit wissen will, an welchem Ort sich ein Teilchen aufhält, dann kann man absolut keine Aussage darüber machen, welchen Impuls oder welche Geschwindigkeit dieses Teilchen hat. Das ist eine erstaunliche Tatsache, denn wir sind natürlich gewohnt zu sagen, ein Teilchen liegt auf dem Tisch und bewegt sich nicht. In der Quantenmechanik ist eine solche Aussage sinnlos.

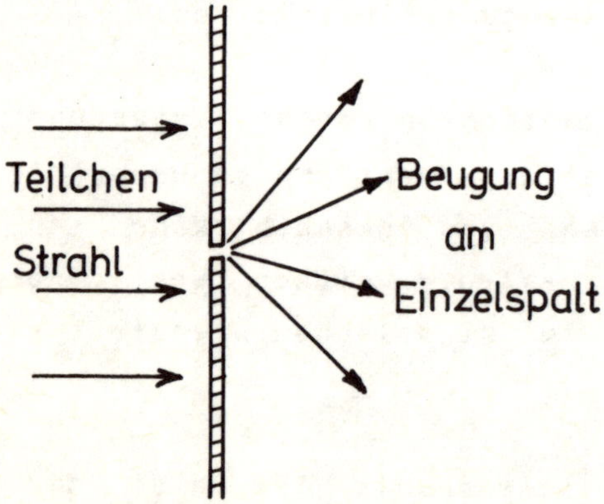

Fig. 1.6: Die Unschärfebeziehung zwischen Ort und Impuls ist eine fundamentale Eigenschaft der Quantenmechanik. Die Festlegung des Ortes eines Teilchens durch eine Lochblende führt zur Unschärfe seines Impulses und damit zu Beugungseffekten.

M: Das hat bedeutende Konsequenzen für gebundene Teilchen. Ich denke dabei an ein Elektron in einem Atom. Das ist eine ähnliche Situation wie bei der Erde, die an die Sonne gebunden ist, nur in viel kleinerem Maßstab. Wir wissen, daß das Elektron keine Energie abgeben und in den Atomkern hineinfallen kann, weil es dann gleichzeitig keinen Impuls mehr hätte und wir den Ort genau kennen würden. In der Quantenmechanik können diese beiden Größen aber nicht gleichzeitig genau bekannt sein. Es gibt also so eine Art Mindestmaß an Bewegung für ein Teilchen, das gebunden ist, eine Art "Nullpunktsbewegung", was der terminus technicus dafür ist. Gebundene Teilchen müssen immer in Bewegung sein.

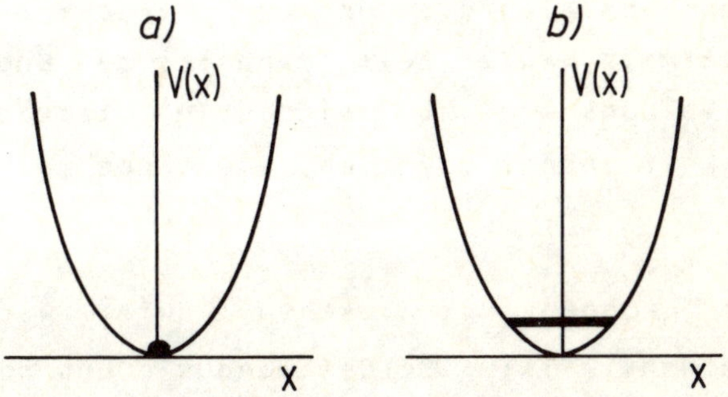

Fig. 1.7: In der klassischen Mechanik hat ein Teilchen die geringste Energie, wenn es am Boden des Potentialtopfes ruht (a). In der Quantenmechanik führt das Teilchen im Zustand niedrigster Energie eine Nullpunktsbewegung aus (b).

R: Die entscheidende neue Erkenntnis der Quantenphysik ist also, daß es eine Nullpunktsbewegung gibt.

Unschärfe der Energiemessung und ein neues Verständnis des Vakuums

M: Genau. Für das Vakuum ist allerdings eine andere Unschärfe-Relation, nämlich die zwischen Energie und Zeit, von noch größerer Bedeutung. Diese Unschärfebeziehung sagt aus, daß es unmöglich ist, die Energie eines Teilchens mit beliebiger Genauigkeit in endlicher Zeit zu messen. Wenn man die Energie wirklich genau ermitteln wollte, müßte man unendlich lange messen. Wenn man nun ein Raumgebiet hat, das man als Vakuum bezeichnet, und man betrachtet es nur für eine bestimmte kurze Zeit, dann ist der Energieinhalt dieses Vakuums nicht eindeutig festgelegt. Die Ungenauigkeit hängt davon ab, wie lange man das Vakuum beobachtet.

R: Hier können wir sehen, wie wichtig die Quantenmechanik ist. Selbst wenn wir uns noch so sehr bemühen, die ganze Energie aus einem materiefreien Gebiet herauszupumpen, werden wir immer eine bestimmte Menge Energie finden, wenn wir das Gebiet nur eine kurze Zeit beobachten. Die richtige Definition des Vakuums ist natürlich jetzt viel schwieriger geworden, weil wir alle Begriffe aus der klassischen Physik beiseite lassen müssen. Damit meine ich alle Begriffe, die mit sicheren Aussagen zusammenhängen, und nicht mit

Wahrscheinlichkeitsaussagen. Wir dürfen nur zwei wichtige Punkte berücksichtigen, nämlich die Tatsache, daß Energie und Materie ein- und dasselbe sind, und daß die Abwesenheit von Energie oder Materie über einen sehr kurzen Zeitraum nicht garantiert werden kann. Wie können wir jetzt das Vakuum neu definieren, Berndt?

M: Ich würde das Vakuum nun auf folgende Weise definieren: wenn wir ein bestimmtes Raumgebiet haben, dann ist es in seinem Vakuumzustand, wenn es im Mittel die niedrigste mögliche Energie besitzt.

R: Im Mittel sagst Du.

M: Ja, im Mittel, denn wenn ich es nur für eine sehr kurze Zeit beobachte, dann kann seine Energie ganz verschieden von dem sein, was ich erwarte.

Das "wahre" und das "falsche" Vakuum: Mehrdeutigkeit des Vakuumbegriffes

R: Mit anderen Worten: wenn man ein Raumgebiet längere Zeit beobachtet und zwei Zustände dieses Raumgebiets vergleicht, dann würdest du sagen, daß dasjenige der wahre Vakuumszustand ist, das die niedrigere Energie hat. Wenn man alle Materie aus einem Raumgebiet entfernt, dann würde es natürlich zunächst wie das Vakuum erscheinen, aber Du hast keine Garantie dafür, daß es in Wirklichkeit nicht ein "falsches" Vakuum ist. Wäre es nicht sogar möglich, daß auch bei Abwesenheit aller Materie zwei verschiedene Zustände niedrigster

Energie existieren, d.h. daß wir mehr als einen Vakuumszustand für ein bestimmtes Raumgebiet haben?

M: Im Prinzip könnte das sein. Selbst wenn man zwei Zustände verschiedener Energie hat, könnten sie zu sogenannten lokalen Minima der Energie gehören. Ich meine damit, daß es zwischen den beiden Zuständen eine Art Potentialbarriere geben könnte. Selbst wenn der eine Zustand etwas mehr Energie hat als der andere ist die Wahrscheinlichkeit für den Übergang des ersten Zustandes in den zweiten innerhalb einer endlichen Zeitspanne unmeßbar klein.

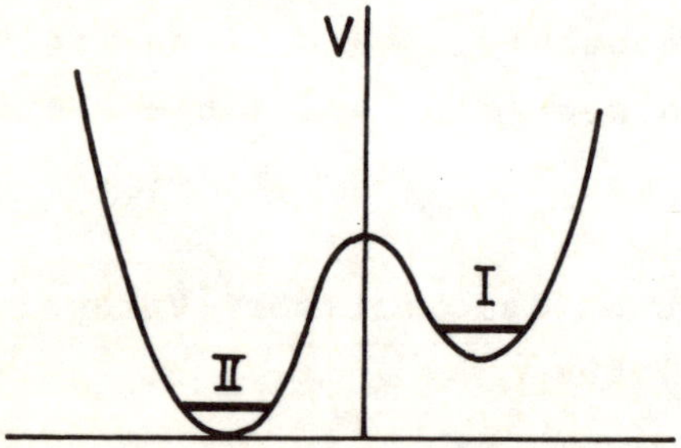

Fig. 1.8: Wenn es zwei lokale Energieminima gibt, die durch eine Potentialbarriere getrennt sind, dann kann das Vakuum im "falschen" Zustand für nahezu unbegrenzte Zeit gefangen bleiben.

R: Das erinnert mich an eine chemische Reaktion. Tatsächlich erinnert es mich eher an Diamanten und

Kohle, die beide aus Kohlenstoff bestehen. Wir wissen alle, daß Diamanten außerordentlich wohlgeordnete Kristalle aus Kohlenstoff sind, während normale Kohle ein ungeordnetes System ist. Diamanten sind durchsichtig; Kohle ist schwarz. Beide bestehen aus der gleichen Substanz, aber sie haben sehr verschiedene Eigenschaften. Insbesondere unterscheiden sie sich in ihrem Energieinhalt. Es ist natürlich ohne weiteres möglich, durch äußere Einflüsse einen Diamanten in Kohle zu verwandeln. Das ist natürlich sehr traurig für denjenigen, der den Diamanten gekauft hat. Aber es ist genau dasselbe wie das, was mit dem Vakuumszustand höherer Energie passieren kann.

Der Zerfall des falschen Vakuums

M: Ja, schon. Aber in diesem Fall wird das Ereignis mehr einer explosiven chemischen Reaktion ähneln. Das bekannteste Beispiel dafür ist wohl Dynamit, das von Alfred Nobel auf der Suche nach einem scheinbar stabilen Sprengstoff gefunden wurde. Man kann ein Stück Dynamit auf den Tisch legen und braucht keine Angst zu haben, daß es explodiert. Aber wenn man die Explosion durch ein kleines Feuer, etwa ein brennendes Streichholz, zündet, dann explodiert die Dynamitstange und setzt eine große Menge Energie frei. Dabei geht das Dynamit in einen neuen Zustand niedrigerer Energie über. Wenn man jetzt zwei unterschiedliche Vakuumszustände mit verschiedenen Energien hätte, wäre der Übergang zwischen ihnen vermutlich ähnlich einer Explosion. Wenn wir etwa im falschen Vakuumszustand säßen, jenem mit der höheren Energie, und durch irgendeinen Unglücksfall den Übergang zünden würden, dann würde eine große Menge Energie freigesetzt. Vermutlich würde diese Energie in Form von Teilchen emittiert.

R: Berndt, es ist also möglich, daß unser Vakuum ein großes Pulverfaß ist, und wenn wir damit nicht vorsichtig umgehen, könnten wir dabei die Welt zerstören!

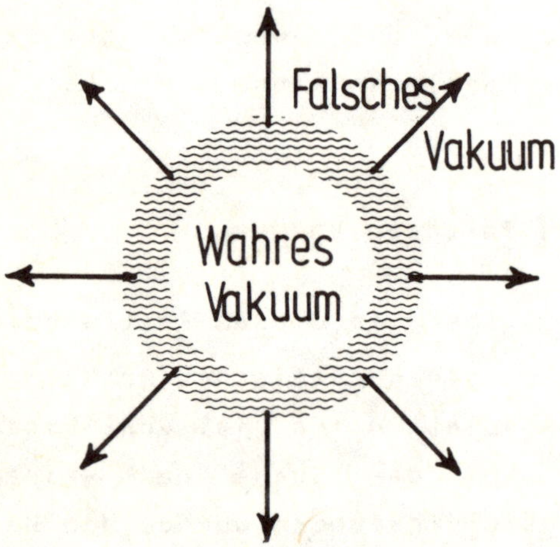

Fig. 1.9: Wenn der Übergang von einem "falschen" zum "wahren" Vakuumszustand gezündet wird, breitet sich das wahre Vakuum explosionsartig mit Lichtgeschwindigkeit aus, wobei Energie freigesetzt wird.

M: Das könnte tatsächlich passieren. Wenn man in die neuere Forschungsliteratur schaut, dann stellt man fest, daß sich eine ganze Reihe angesehener theoretischer Physiker mit diesem Problem beschäftigen.

Der Übergang zwischen zwei Vakua

R: Unser Buch hat also einen viel ernsteren Hintergrund, als der Leser zunächst denken mag.

M: Ohne Zweifel. Wenn man die Rechnungen sorgfältig durchführt, stellt sich glücklicherweise heraus, daß heutzutage wohl keine unmittelbare Gefahr für eine solche Explosion besteht. Wir brauchen uns also keine großen Sorgen zu machen, daß wir das Vakuum, in dem wir leben, zerstören. Die Energien, die wir in unseren heutigen Teilchenbeschleunigern zur Verfügung haben, sind nämlich noch nicht hoch genug. Wir wissen das, weil in der Natur solche Reaktionen täglich ablaufen. Vom Weltall kommt dauernd hochenergetische Strahlung, sogenannte kosmische Strahlung, auf die Erde und wechselwirkt mit den Teilchen der Luft um uns herum und sogar mit den Atomen in unserem Körper. Aber diese Reaktionen haben den Zerfall unseres Vakuums noch nicht gezündet. Erst wenn wir Beschleuniger bauen, in denen wir Teilchen noch höherer Energie erzeugen, als sie in der normalen Höhenstrahlung vorkommen, besteht die Gefahr, daß wir die katastrophale Explosion des Vakuums zünden können.

R: Aber Dein Argument ist noch nicht ganz überzeugend: Wir wissen doch beide, daß Dynamit nicht explodiert, wenn es nicht auf die richtige Weise angezündet wird.

Es gibt Sprengstoffe, die nicht einfach angezündet werden können. Wenn sie aber einmal explodieren, dann ist die Explosion verheerend. Es gibt eben immer eine gewisse Wahrscheinlichkeit dafür, ob eine solche Explosion eintritt oder nicht. Deshalb könnte es doch sein, daß die Natur nur noch nicht genügend Zufallsversuche gemacht hat, um das Vakuum zu zünden. Deshalb müssen wir sehr vorsichtig sein, wenn wir mit unseren Beschleunigern immer höhere Energien erreichen, damit wir nicht versehentlich den Vakuumzustand ändern. Was wir allerdings in den letzten Minuten diskutiert haben, ist natürlich nur dann sinnvoll, wenn wir daran glauben, daß das Vakuum in mehr als einem Zustand existieren und auf diese Weise explosiv zerfallen kann. Gibt es überhaupt einen Grund, das zu glauben? Was könnte die Ursache dafür sein, daß wir nicht im Grundzustand, in dem wirklich tiefsten Zustand des Vakuums leben?

Vakuum und die Evolution des Universums

M: Nun, wir wissen, als das Universum entstanden ist...

R: Wissen wir etwas über den Ursprung des Universums?

M: Nun, wir wissen zwar nichts über den allerersten Augenblick, aber was auch nur einen kurzen Moment später geschah, das glauben wir zu wissen. Das Universum muß kurz nach seiner Entstehung sehr, sehr heiß gewesen sein, weil wir immer noch die Hintergrundstrahlung, Mikrowellenstrahlung, die heute einer Temperatur von 3 Grad entspricht, beobachten können. Mit Hilfe der Gesetze der Physik können wir die Entwicklung des Universums rückwärts berechnen. Daraus schließen wir, daß das Universum früher viel heißer gewesen sein muß als heute. Es gibt auch noch eine ganze Reihe anderer Gründe, warum wir das glauben. Z.B. konnten sich die Elemente, aus denen die Sterne bestehen, nur bei einer sehr hohen Temperatur bilden. Wir wissen also, daß irgendwann in der Vergangenheit die Temperatur des Universums sehr hoch war und in der Zwischenzeit abgekühlt ist. Aus der Festkörperphysik wissen wir außerdem, daß man oft nicht in den Aggregatzustand niedrigster Energie hineingerät, wenn die Abkühlung sehr schnell geschieht. Manchmal wird man in einer Phase höherer Energie gefangen, und genau dasselbe kann mit dem Vakuum geschehen sein.

Endgültige Definition des "Vakuums"

R: Ja, das ist ein bekanntes Phänomen. Unsere Sorge darüber, daß das Vakuum in einem instabilen Zustand gefangen ist, kommt also nicht nur von den Gesetzen der Elementarteilchenphysik, sondern auch von unserer Vorstellung der Entwicklung des Universums als Ganzem. Unsere neue Definition des Vakuums muß also noch einmal erweitert werden, und zwar ungefähr so: der Vakuumzustand eines physikalischen Systems ist der Zustand niedrigster Energie, der unter gegebenen Anfangs- und Randbedingungen erreicht werden kann.

Erinnere Dich nur an die klassische Bewegung eines einzelnen Teilchens. Um zu wissen, wohin es sich bewegt, müssen wir die Anfangsbedingungen kennen, also seine anfängliche Geschwindigkeit und seine anfängliche Position. Mit dem Vakuumszustand ist es genau das

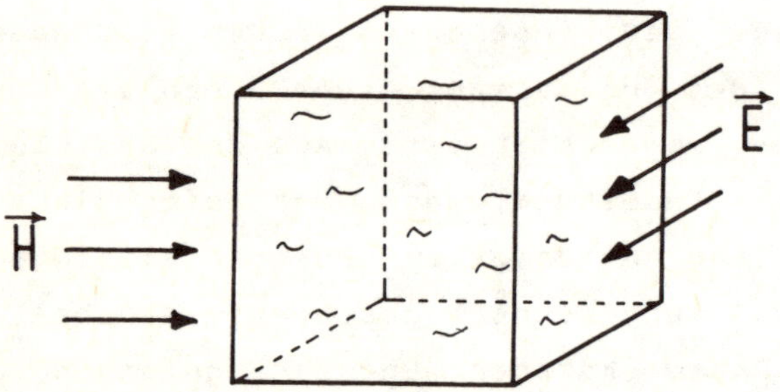

Fig. 1.10: Endgültige Definition des Vakuums als Raumgebiet niedrigster Energie unter gegebenen Randbedingungen.

gleiche. Um zu wissen, in welchem Vakuumszustand wir uns heute befinden, müssen wir höchstwahrscheinlich nicht nur die Naturgesetze sehr genau verstehen, die wir ja durch das Studium der Prozesse der Elementarteilchenphysik zu erkennen versuchen. Wir müssen auch über die Entwicklung des Universums als Ganzes Bescheid wissen. Dies ist natürlich das Forschungsgebiet der Astrophysik und der Kosmologie. Auch diese Wissenschaften sind also für unsere Vorstellungen vom Vakuum sehr wichtig und können eventuell die Frage nach einer möglichen Selbstvernichtung unserer Welt beantworten helfen. Vielleicht ist unsere

Selbstvernichtung unvermeidlich. Es könnte ja sein, daß irgendwann einmal ein sehr hochenergetisches kosmisches Strahlungsteilchen entsteht, auf andere Materie aufprallt und dabei die Explosion unseres möglicherweise instabilen Vakuumszustandes auslöst. Es ist also sehr wichtig, daß wir die Struktur des Quantenvakuums verstehen. Und genau deshalb haben wir das Buch "Die Struktur des (Quanten)vakuums" genannt. In den nächsten Kapiteln werden wir versuchen, unser augenblickliches Wissen zusammenzufassen und den Weg künftiger Untersuchungen darzustellen. Wir hoffen, daß wir in diesem Buch zumindest teilweise die Gründe erklären können, warum heutzutage so viele Wissenschaftler die Grundlagen der Physik untersuchen.

M: Und warum auch Wissenschaftler aus Disziplinen, die normalerweise nicht über fundamentale Naturfragen philosophieren, wie z.B. Astronomen, Chemiker oder sogar Ingenieure, die Transistoren bauen, etwas zu unserem Verständnis des Vakuums beitragen können. Viele dieser Untersuchungen haben indirekt mit der Struktur des Vakuums zu tun. Das Verständnis des Vakuums hat große Bedeutung für das Verständnis unserer Umwelt und, wie wir gesehen haben, vielleicht auch für unser künftiges Schicksal.

Kapitel 2

Das dielektrische Vakuum

Die elektrischen Kräfte in Atomen

M: Wir wollen jetzt die verschiedenen Aspekte des Vakuums, die wir vorhin schon erwähnt haben, genauer diskutieren. Am besten geht das wohl an einem Beispiel, bei dem wir die Kräfte, mit denen wir es zu tun haben, sehr genau kennen. Ich denke, wir fangen deshalb mit den elektromagnetischen Eigenschaften des Vakuums an. Die elektromagnetische Wechselwirkung ist zweifellos am besten bekannt.

R: Wenn wir von elektromagnetischer Wechselwirkung sprechen wollen, dann müssen wir mindestens zwei verschiedene Sorten elektrisch geladener Teilchen haben. Als die eine können wir z.B. die Atomkerne nehmen, die elektrisch positiv geladen sind, und als die andere die Elektronen, die negative Ladung tragen. Dann haben wir natürlich sofort auch die Positronen. Das sind die Antiteilchen der Elektronen, und sie sind wie die Atomkerne positiv geladen. Wie wir ja wissen, besteht ein Atom aus Elektronen, die im Feld eines Atomkernes gebunden sind. Alle atomaren Eigenschaften leiten sich daraus ab. Und alle chemischen Eigenschaften von Molekülen lassen sich mit Hilfe der

Quantenmechanik verstehen, wenn man die elektromagnetische Wechselwirkung der Elektronen mit den Kernen und der Elektronen untereinander nur genau genug beschreibt.

M: Dabei ist es ganz wichtig, daß wir die Bindungsenergien der Elektronen in Atomen und Molekülen sehr genau berechnen und messen können. Wir wissen, daß die Bindungsenergie mit wachsender Kernladung zunimmt. In einem Wasserstoffatom z.B., das in seinem Kern nur ein einziges Proton hat, hat das Elektron die geringste Bindungsenergie. Wenn wir dagegen ein Heliumatom nehmen, das zwei Protonen in seinem Kern enthält, dann ist die Bindungsenergie bereits viermal so groß.

R: Genau genommen ist sie sogar etwas mehr als viermal so groß. Durch die Anwesenheit der kleinen, punktartigen Ladung des Atomkerns wird nämlich das Vakuum polarisiert, und dabei wird die Bindungsenergie des Elektrons geringfügig vergrößert.

M: Das ist nicht so einfach zu verstehen. Wir müssen unseren Lesern erst etwas über Diracs Unterwelt erzählen, Jan.

Antimaterie oder Diracs "Unterwelt"

R: Ja. Als die Quantenmechanik entwickelt wurde, war eine der größten Schwierigkeiten, die Quantenmechanik und die Relativitätstheorie zu vereinigen. Dirac erfand zu dieser Zeit eine Gleichung, die wir heute

Diracgleichung nennen. Diese Gleichung beschreibt die Bewegung von Elektronen, auch wenn sie sich fast mit Lichtgeschwindigkeit bewegen. Allerdings hatte diese Gleichung ganz besondere Eigenschaften, die zuvor beim Studium nichtrelativistischer Bewegung der Elektronen nicht aufgetreten waren. Die Unbestimmtheitsbeziehung der Quantenmechanik - wir haben sie ja bereits in der Einleitung kennengelernt - hindert das Elektron daran, in den Kern zu fallen und garantiert so, daß das Atom stabil ist. Das heißt in anderen Worten, daß es einen Zustand niedrigster Energie gibt, den das Elektron annehmen kann, wenn es an den Atomkern gebunden ist. In der Diracgleichung war dies plötzlich nicht mehr so. Statt dessen fand man, daß es neben den gebundenen Zuständen der Elektronen, die ungefähr den von früher bekannten nichtrelativistischen Zuständen entsprechen, neue Zustände gibt, die eine wesentlich niedrigere, und sogar negative Energie aufwiesen. Dirac interpretierte diese Zustände später als die Zustände, die die Antiteilchen beschreiben.

M: Ganz recht. Aber wir müssen jetzt erklären, warum solche zunächst mathematischen Zustände überhaupt physikalische Bedeutung haben. Diese Zustände haben nämlich wirklich negative Energie. Ein Zustand negativer Energie schien zunächst etwas völlig Verrücktes zu sein, aber man stellte später fest, daß es solche Zustände auch schon in der klassischen Mechanik gibt. In der Relativitätstheorie ist die Energie eines Teilchens durch den Ausdruck $mc^2/\sqrt{1 - v^2/c^2}$ gegeben. Beim Ziehen der Wurzel kann man entweder ein positives oder ein negatives Vorzeichen erhalten. Es gibt also auch schon in der klassischen Mechanik positive und negative Energien. Aber weil sich die Energie in der klassischen Mechanik nur stetig verändern und keinen Sprung machen kann, ist das dort ohne Bedeutung. Zwischen den Zuständen negativer Energie und den Zuständen positiver Energie existiert eine Energielücke. Wenn wir also eine Welt haben, in der alle Teilchen nur positive Energien haben, dann behalten sie auch für immer positive Energie, weil sie die Energielücke zu den Zuständen negativer Energie nicht überspringen können.

R: Was du damit sagen willst, ist, daß wir in der klassischen Physik die Freiheit haben, entweder über positive oder über negative Energieteilchen zu reden, denn in der klassischen Physik sind diese Welten voneinander getrennt.

M: Genau das meine ich.

R: Es könnte dann also zwei Welten geben, die völlig symmetrisch zueinander sind. Wenn man die Diracgleichung hinschreibt, dann stellt man auch fest, daß es zwischen diesen Welten eine gewisse Symmetrie gibt.

M: In der Quantenmechanik muß man nun auch die negativen Energiezustände berücksichtigen, weil in der Quantenmechanik Sprünge zwischen Zuständen verschiedener Energie auftreten können. Wenn man also anfänglich nur Elektronen mit positiver Energie hätte, dann könnte ein Elektron einen Übergang in einen Zustand negativer Energie machen und dann im Bereich der negativen Energie zu immer niedrigeren Energien hinunterfallen. Auf diese Art und Weise würde das Elektron schließlich völlig verschwinden, und dabei einen unendlichen Betrag von Energie abgeben. Und das ist natürlich ein großes Problem.

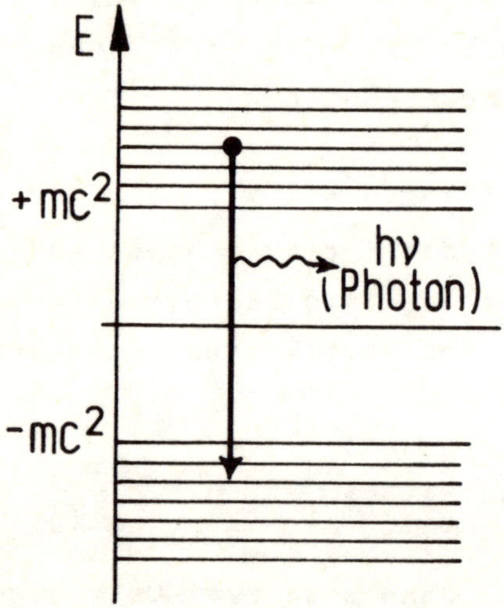

Fig. 2.1: Im Rahmen der Quantenmechanik würde ein Elektron positiver Energie unter Aussendung elektromagnetischer Strahlung immer tiefer in Zustände negativer Energie fallen.

Das Pauliprinzip und die Stabilität der Materie

R: Es wäre dann die Erfüllung eines großen Menschheitstraums, nämlich dem vom perpetuum mobile. Um also ein perpetuum mobile zu verhindern, mußte Dirac das Antiteilchen erfinden. Dazu erfand er die sogenannte Diracsee. Das Geheimnis der Diracsee besteht darin, daß Elektronen nicht gleichzeitig mit anderen Elektronen in ein und demselben Zustand sitzen können. Dieses Prinzip heißt Pauli-Prinzip. Deshalb kann die Diracsee gefüllt werden.

M: Verstehen wir das Pauliprinzip, Jan?

R: Ja. Wir verstehen das Pauli-Prinzip heute sowohl in Form mathematischer Gleichungen als auch als allgemeine Aussage. Allerdings gibt es dazu kein klassisches Analogon. Das quantenmechanische Prinzip, das hinter dem Pauli-Prinzip steht, ist folgendes: wenn man in einem System, das zwei Elektronen enthält, die Positionen oder eine andere Eigenschaft der Elektronen vertauscht, dann muß der Zustand, oder besser die Wellenfunktion, die diesen Zustand beschreibt, das Vorzeichen wechseln. Diese Eigenschaft heißt Antisymmetrie der quantenmechanischen Wellenfunktion.

M: Wenn also zwei Elektronen im gleichen Zustand am selben Punkt sitzen und man sie vertauscht, dann ändert sich der Zustand nicht, während er beim Austausch der Elektronen sein Vorzeichen ändern sollte. Etwas, was gleichzeitig sein Vorzeichen ändert und gleich bleibt, kann aber nicht sein. Eine Wellenfunktion für zwei Elektronen im selben Zustand gibt es also nicht.

R: Genau. Das Ergebnis ist, daß wir in jedem Quantenzustand höchstens ein Elektron haben können, und das ist genau das Pauli-Prinzip. Um ein Elektron positiver Energie daran zu hindern, in einen Zustand negativer Energie zu springen, brauchen wir also bloß alle Zustände negativer Energie von vornherein mit Elektronen aufzufüllen. Das Pauli-Prinzip hindert dann die Elektronen mit positiver Energie daran, in Zustände negativer Energie überzugehen. Die Zustände negativer Energie werden auf diese Weise zu einer See voller Elektronen.

Symmetrie zwischen Materie und Antimaterie

M: Das löst natürlich Diracs Problem, warum die Elektronen nicht in negative Energiezustände fallen. Andererseits stellt sich dadurch aber ein neues Problem: wenn man nämlich unendlich viele Elektronen in den Zuständen negativer Energie hat, dann trägt die Diracsee ja eine unendliche Ladung.

R: Richtig. Aber dieses Problem wird ganz einfach dadurch gelöst, daß man für die Positronenzustände eine ähnliche Überlegung wie für die Elektronenzustände anstellt und gegenüber Elektronen und Positronen symmetrisiert.

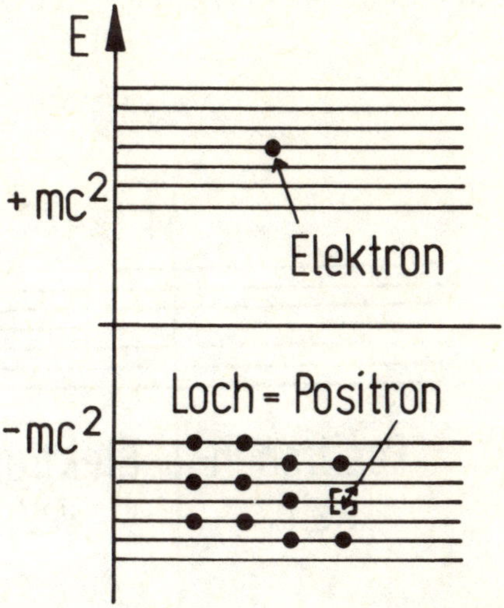

Fig. 2.2: Diracs "Unterwelt" - alle Zustände negativer Energie sind normalerweise mit Elektronen besetzt. Das Pauli-Prinzip verhindert das Herunterfallen von Elektronen positiver Energie. Ein unbesetzter Zustand negativer Energie (Loch) erscheint als Teilchen mit gleicher Masse, aber positiver Ladung (Positron, Antiteilchen).

M: Ich verstehe. Man hat also eine eigene Diracgleichung für die Positronen. Das ist natürlich dieselbe Gleichung wie für die Elektronen, nur mit der entgegengesetzten Ladung. Und diese Gleichung hat ebenfalls Zustände positiver und negativer Energie. Um jetzt Positronen positiver Energie daran zu hindern, in negative Energiezustände zu fallen, braucht man also auch eine See von Positronen. Die Ladungen der Diracsee für Elektronen und Positronen heben sich dann genau auf.

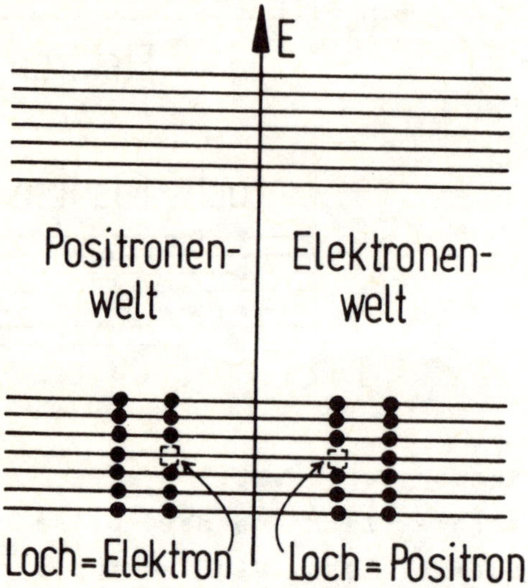

Fig. 2.3: Wegen der Symmetrie zwischen Elektronenwelt und Positronenwelt ist das Diracsche Vakuum insgesamt ungeladen.

R: Ja. Das ist im wesentlichen der Grund, warum wir alle Zustände negativer Energie gefüllt haben können und gleichzeitig nirgends eine unendliche Ladungsdichte sehen. Ohne die Symmetrie zwischen Teilchen und Antiteilchen, also zwischen Elektronen und Positronen, wäre das nicht möglich.

Polarisation des Vakuums

M: Nun verstehe ich auch, warum ein Atomkern eine Änderung hervorruft. Die Ladung des Atomkerns wechselwirkt nämlich mit den Teilchen in der Diracsee.

R: Dies geschieht aber nicht nur in Anwesenheit eines Atomkerns, sondern auch bei jedem anderen elektrischen Feld. Ein Atomkern erzeugt natürlich ein elektrisches Feld und verschiebt Elektronen und Positronen in verschiedener Weise.

M: Er zieht die Elektronen an und stößt die Positronen ab.

R: Richtig. Darum spielt sich dasselbe ab wie in einem beliebigen Medium.

M: Nur mit dem Unterschied, daß die Elektronen in Diracs Unterwelt, in der Diracsee, negative Energie besitzen. Das bedeutet, daß sie sich in die entgegengesetzte Richtung bewegen möchten, wenn sie von einer Kraft angezogen werden. Verrückt, nicht wahr?

R: Nein, das ist gar nicht so verrückt, wie es zuerst scheint. Das kommt einfach von dem anderen Vorzeichen der Energie. Wenn man es mathematisch sauber

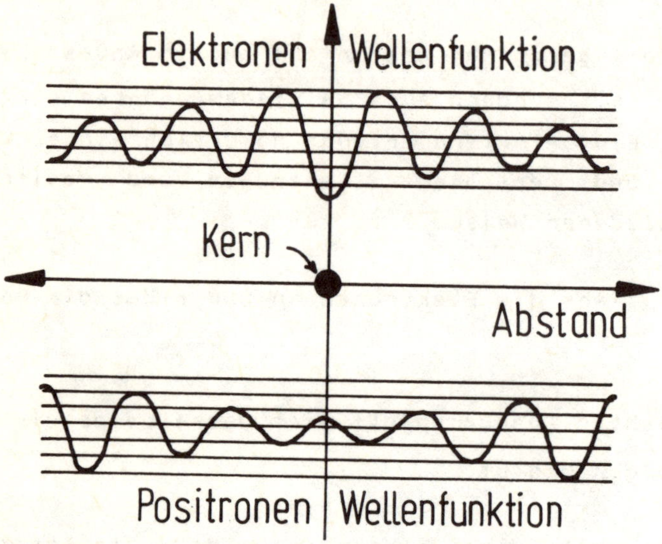

Fig. 2.4: Ein Atomkern zieht Elektronen positiver Energie (Positronen negativer Energie) an und stößt Elektronen negativer Energie (Positronen positiver Energie) ab.

beschreibt, dann kommt heraus, daß die von einem elektrischen Feld erzeugte Verschiebungsladung das elektrische Feld verstärkt, anstatt es zu schwächen. Normalerweise, wenn man z.B. an das Verhalten der Ladungsdichte auf einer leitenden Oberfläche in einem elektrischen Feld denkt, würde das elektrische Feld durch die Verschiebungsladung geschwächt.

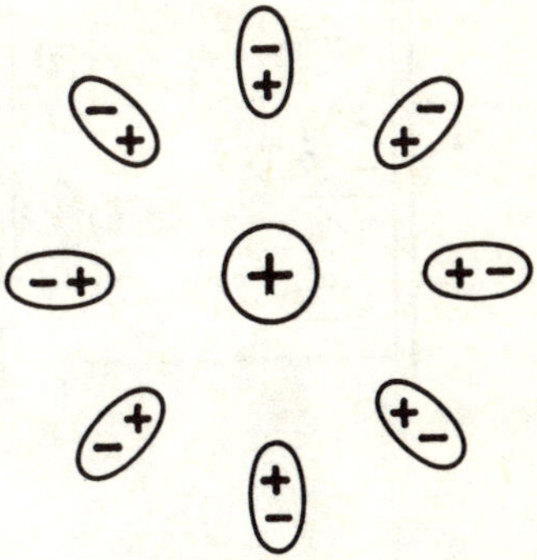

Fig. 2.5: Ein Atomkern zieht die im Vakuum vorhandenen positiven Ladungen an und stößt die negativen Ladungen ab, weil sie zu Teilchen mit negativer Energie gehören. Die Vakuumpolarisation verstärkt deshalb das elektrische Feld des Atomkerns.

M: Das ist ja genau das gleiche, was sich typischerweise in einem Elektrolyten abspielt. Wenn man eine Spannung anlegt, dann schwächt die Polarisation das Feld.

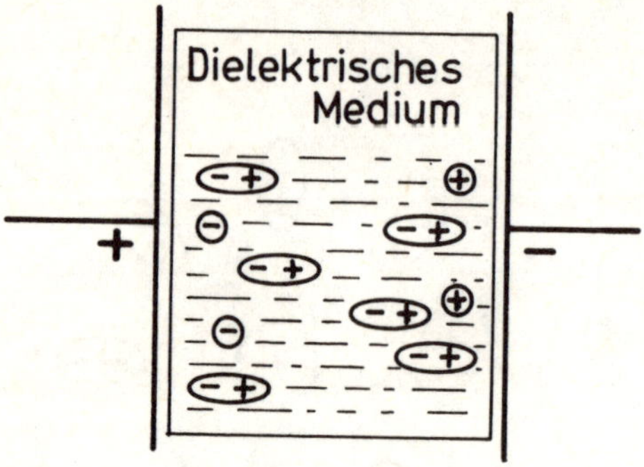

Fig. 2.6: In einem Dielektrikum werden die reellen Ladungen so polarisiert, daß sie das angelegte Feld schwächen.

Ladungsrenormierung im Vakuum

R: Ja. Das ist eine gut bekannte, experimentelle Tatsache. Aber im Vakuum müssen wir natürlich mit dem Gegenteil davon rechnen, weil die Gleichungen wegen der negativen Energie der Teilchen in der Diracsee ein umgekehrtes Vorzeichen haben. Man muß also bei der Berechnung solcher Größen wie der Polarisationsladung sehr aufpassen. Man stellt dann fest, daß die Verschiebungsladung einen unendlich großen Beitrag enthält. Dieser hat jedoch die Theoretiker von Anfang an nicht besonders gestört, da sie wußten, daß die

Einheit der Ladung einer beliebigen Renormierung unterworfen sein kann. Alle Ladungen messen wir als Ladungen im Vakuum. Wenn also das Vakuum auf diese Ladungen zurückwirkt, so daß es den Absolutwert der Ladung verändert, dann kann diese Veränderung in die Definition der Ladungseinheit hineingenommen werden.

M: Aber nur dann, wenn jede Ladung genauso betroffen ist. Ich meine damit, wenn sich jede Ladung um den gleichen Faktor ändert. Wenn man zwei Ladungen addiert, dann wird die Summe der Ladungen in der gleichen Weise verändert, als wenn man die renormierten einzelnen Ladungen addiert hätte.

R: Ja, das ist auch wirklich so, wenn die Renormierung nur von der Struktur des Vakuums und nicht noch von etwas anderem abhängt. Dann ist nämlich die Reaktion des Vakuums auf jede Ladung gleich. Und man kann sogar im Rahmen der Quantentheorie zeigen, daß dies ganz allgemein gilt. Die elektrische Ladung, die wir beobachten, leitet sich also von der nackten elektrischen Ladung ab, die wegen der Vakuumpolarisation auf den physikalischen Wert renormiert wird.

Die Vakuumpolarisation ist beobachtbar

M: Jetzt haben wir verstanden, warum das Vakuum in der Anwesenheit eines Atomkerns polarisiert wird, ähnlich wie ein dielektrisches Medium. Es wäre natürlich schön, ein Experiment auszuführen, bei dem wir diesen Effekt messen.

R: Willst Du damit sagen, daß die Vakuumpolarisation auch einen Beitrag enthält, der nicht in der Renormierung der Ladung absorbiert werden kann, sondern der eine Veränderung des Coulombschen Kraftgesetzes zwischen zwei Ladungen bewirkt?

M: Ja. Der Anteil, der durch die Veränderung der Ladungsverteilung entsteht, kann nicht einfach wegrenormiert werden. Nur die totale Verschiebungsladung kann man auf diese Weise absorbieren. Der restliche Teil der Polarisation, d.h. der Verschiebungsladung, hat eine beobachtbare Wirkung.

R: Wir brauchen also ein geeignetes Testsystem.

M: Ja. Aber dabei ist es sehr wichtig, daß wir die Ausdehnung der Polarisationsladung kennen. Wir brauchen nämlich ein System, das von derselben Ausdehnung ist wie diese Ladungsverschiebung.

R: Offensichtlich ist dieser Effekt nicht über makroskopische Distanzen hinweg sichtbar, denn sonst hätten wir das Coulombsche Eins-durch-Abstandsquadrat-Gesetz gar nicht erst entdeckt. Der Effekt kann also nur von einer mikroskopischen Reichweite sein. Was ist die typische Abstandsskala, mit der wir es bei diesem Problem zu tun haben?

Reichweite der Polarisationskräfte

M: Nun, wir können die typische Längenskala mit Hilfe der Verschiebungsladung abschätzen: wir haben ja schon gesagt, daß das elektrische Feld des Kernes versucht, die Elektronen abzustoßen und die Positronen anzuziehen. Im normalen Vakuum, d.h. wenn wir keinen Atomkern haben, entsteht die Vakuumpolarisation durch die mögliche Erzeugung eines Elektron-Positron-Paares für eine sehr kurze Zeit oder über einen sehr kleinen Abstand. Die dazu notwendige Energie ist natürlich etwa so groß wie die zweifache Ruheenergie des Elektrons.

R: Und der Impuls, den ein solches Teilchen tragen müßte, ist so groß wie die doppelte Ruhemasse des Elektrons, multipliziert mit der Geschwindigkeit des Lichts: $p = mc$.

M: Ja. Wir können also die Unbestimmtheitsrelation nehmen, die uns sagt, daß die Unsicherheit von Impuls und Ort so groß wie das Plancksche Wirkungsquantum ist. Wir sehen dann, daß die typische Länge, über die die Vakuumpolarisation wirkt, gegeben ist durch das Plancksche Wirkungsquantum geteilt durch die Ruhemasse des Elektrons mal der Lichtgeschwindigkeit. Diese Länge ist ungefähr hundert mal größer als der Durchmesser des Atomkerns, und andererseits hundert mal kleiner als die Größe eines Wasserstoffatoms.

R: Die Größe eines Wasserstoffkernes ist etwa ein Fermi, d.h. 10^{-13} cm. Dann ist die Ausdehnung der Verschiebungs- Ladung im Vakuum einige hundert Fermi.

M: Ja, richtig. Das System, in dem wir ein solches Experiment ausführen können, muß also einige hundert

Fermi groß sein. Offensichtlich eignet sich das Wasserstoffatom dafür nicht.

R: Wie groß ist ein Wasserstoffatom?

M: Sein Radius beträgt etwa 50 000 Fermi. Das ist etwa hundert mal größer als die Ausdehnung der Vakuumpolarisa-tion, wie ich ja schon gesagt habe.

R: Nun, kannst Du Dir vorstellen, daß wir das Wasserstoffatom kleiner machen könnten?

M: Ja. Wir könnten z.B. statt des Wasserstoffkernes einen schwereren Atomkern nehmen.

R: Das ist ein sehr interessanter Vorschlag. Aber dann hätten wir es natürlich nicht nur mit einem einzelnen Elektron zu tun, sondern wir hätten genau so viele Elektronen wie Protonen.

M: Wenn wir also z.B. einen Bleikern nehmen, was ein sehr schönes Beispiel wäre, weil im Bleiatom der Radius der innersten Elektronenbahn etwa 700 bis 800 Fermi beträgt, dann hätten wir ein 82-Elektronen Problem zu lösen. In diesem Fall ist es aber sehr schwierig, die Energien der Elektronenzustände genau zu berechnen.

R: Kennen wir nicht einen anderen Weg, das Atom kleiner zu machen?

Das Myon: der schwere "Bruder" des Elektrons

M: Die Größe des Wasserstoffatoms hängt auch noch von der Masse des Elektrons ab.

R: Und natürlich von der Stärke der elektrischen Ladung. Wenn diese wesentlich schwächer wäre, wäre das Atom größer. Wenn die elektrische Ladung stärker wäre, dann wäre das Atom kleiner. Aber das ist das Prinzip, das hinter deinem ersten Vorschlag stand. Es gibt also zwei Eigenschaften, die die Größe eines Atoms bestimmen: die Stärke der elektrischen Ladung des Atomkerns und die Masse des Elektrons.

M: Ja. Glücklicherweise kommt das Elektron in mehr als einer Art vor. Wir kennen ein schweres Elektron, das man als Myon bezeichnet.

R: Wissen wir, warum es ein solches schweres Elektron gibt?

M: Interessanterweise kennen wir auf diese sehr einfache Frage immer noch keine Antwort, obwohl das Myon seit mehr als vierzig Jahren bekannt ist. Wir haben keine Erklärung, warum dieses Teilchen existiert.

R: In diesem Buch müssen wir also einfach davon ausgehen, daß das Elektron einen schweren Bruder besitzt, der Myon heißt und eine zweihundert mal größere Masse hat. Ein myonisches Atom ist daher zweihundert mal kleiner als ein elektronisches Atom.

Myonische Atome

M: Ja. Zunächst würde man daran denken, ein Wasserstoffatom mit einem Myon anstatt mit einem Elektron zu benutzen. Leider ist aber ein Wasserstoffatom, das ein Myon enthält, nicht stabil. Ein myonisches Wasserstoffatom würde ein anderes Wasserstoffatom anziehen und ein myonisches Wasserstoffmolekül bilden.

R: Wir müssen also einen Kern nehmen, der kein Molekül bildet, z.B, einen Heliumkern. Helium ist ein Edelgas und bildet folglich keine Moleküle.

M: Ja, gut. Außerdem besitzt der Heliumkern zwei Protonen. Wenn also nur ein Myon an den Heliumkern gebunden ist, dann ist das System immer noch positiv geladen, und es wird nicht nahe an ein anderes Heliumatom herankommen, weil es vom Atomkern abgestoßen wird. Es bleibt also immer ein Ion, ein Heliumkern plus ein Myon.

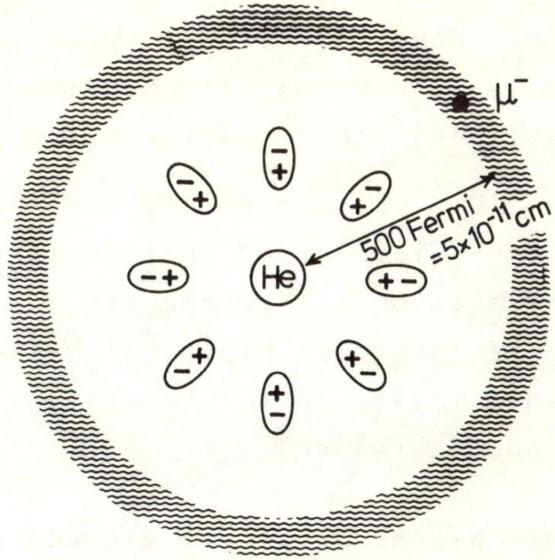

Fig. 2.7: Das myonische Heliumatom ist auch wegen seiner geringen Ausdehnung ein ideales System zur experimentellen Messung der Vakuumpolarisation.

Lebensdauer der Myonen

R: Damit haben wir ein ideales System gefunden, um die Vakuumpolarisation zu untersuchen. Es besteht aus einem Heliumkern und einem einzigen Myon. Aber haben wir überhaupt genügend Zeit, um ein Experiment durchzuführen? Sind Myonen stabil?

M: Dies ist ein sehr guter Einwand. Das Myon ist kein stabiles Teilchen, sonst gäbe es Myonen überall. Alles bestünde aus myonischer Materie und nicht aus elektronischer Materie. Myonen zerfallen in ungefähr zwei Mikrosekunden, also zwei Millionstel einer Sekunde, und dabei wird das myonische Heliumatom zerstört. Die Zeit, die zur Bildung eines solchen Atoms notwendig ist, ist aber viel kürzer. Ein Heliumkern braucht etwa 10^{-12} Sekunden, um ein Myon einzufangen und es in den niedrigsten Zustand fallen zu lassen. Dies ist eine Million mal kürzer als die Zeit, bis das Myon wieder zerfällt. In bezug auf dieses Skala haben wir sehr lange Zeit, um ein Experiment an myonischen Heliumatomen durchzuführen.

R: Der Zerfall des Myons ähnelt ein wenig dem radioaktiven Zerfall von Atomkernen, den wir in der Natur oft antreffen. Menschliche Knochen enthalten z.B. viel Kalzium, und ein Teil des Kalziums ist radioaktiv mit einer mittleren Lebensdauer von einer Milliarde Jahren. Während der 100 Jahre, die ein Mensch etwa lebt, zerfällt ein Bruchteil von 10^{-7} allen radioaktiven Kalziums in den menschlichen Knochen. Genau das gleiche haben wir im myonischen Helium. Während der Bildungszeit verschwindet nur ein Bruchteil von 10^{-6} aller Myonen. Das braucht uns überhaupt nicht zu beunruhigen, ebenso wie der Zerfall des Kalziums in unseren Knochen uns nur vom Standpunkt unserer Gesundheit her Sorgen bereitet. Aber laß uns nun zum Vakuum zurückkommen. Wir haben jetzt also das beste System gefunden, um eine Messung der Vakuumpolarisation durchzuführen. Die Frage ist, welchen Effekt wir denn eigentlich erwarten. Und wie groß wird dieser Effekt sein?

Messung der Vakuumpolarisation im myonischen Helium

M: Nun, es ist ja klar, daß dieser Effekt viel schwächer als die Wechselwirkung zwischen dem Atomkern und dem Myon sein muß, weil die Ladungsdichte, die in der Vakuumpolarisation enthalten ist, nur etwa ein Hundertstel der Ladung des Elektrons selbst beträgt. Wir erwarten also, daß der Einfluß der Vakuumpolarisation auf die Bindungsenergie eines bestimmten Zustands im myonischen Helium ungefähr ein Hundertstel oder ein Tausendstel der Bindungsenergie dieses Zustands ist.

R: Andererseits wissen wir auch, daß die Abweichung vom Eins-durch-Abstandsquadrat-Gesetz der Wechselwirkung zwischen dem Myon und dem Atomkern auf kurze Abstände beschränkt ist. Daher können wir nur diejerigen myonischen Zustände betrachten, mit denen wir kurze Abstände testen können.

M: Es gibt auch noch einen zweiten Grund, warum das myonische Helium ein sehr geeignetes System ist: es gibt nämlich Zustände mit sehr verschiedenen Wellenfunktionen (genauer gesagt, Zustände mit verschiedenem Drehimpuls des Myons in bezug auf den Atomkern), die beinahe dieselbe Energie besitzen. Ohne die Vakuumpolarisation wäre die Energie dieser Zustände sogar ganz genau gleich. Die Wirkung der

Vakuumpolarisation läßt sich auch an der Aufspaltung der Energien der verschiedenen Zustände beobachten.

R: Dies wurde experimentell sehr sorgfältig untersucht. Die beobachteten Aufspaltungen stimmen genau mit den Vorhersagen der Theorie überein. Sie sind etwa ein Tausendstel mal so groß wie die Bindungsenergie des Myons.

M: Wie kann man denn diese Energie so genau messen? Das muß doch sehr, sehr schwierig sein.

R: Nein, gar nicht. Weil nämlich die Energien in myonischen Atomen durch die Masse des Myons, also die zweihundertfache Elektronenmasse, bestimmt sind, beträgt die Energieaufspaltung ein Fünftel der Energien, die in elektronischen Atomen gemessen werden. Sie fällt also in den Energiebereich, der in der Molekülphysik beobachtet wird, und für den Laser konstruiert worden sind.

M: Die Idee des Experiments ist es also, einen Laser mit abstimmbarer Frequenz zu nehmen, und zu versuchen, Myonen aus einem dieser beiden Zustände mit Hilfe des Laserlichts in den anderen zu pumpen.

R: Ganz richtig. Dazu braucht man allerdings Zustände, die langlebig sind. Wir haben Glück, denn es gibt tatsächlich einen solchen Zustand, den sogenannten 2s-Zustand des Myons. Wegen der Wirkung der Vakuumpolarisation wird er vom Atomkern ein klein wenig stärker angezogen als der sogenannte 2p-Zustand. Und

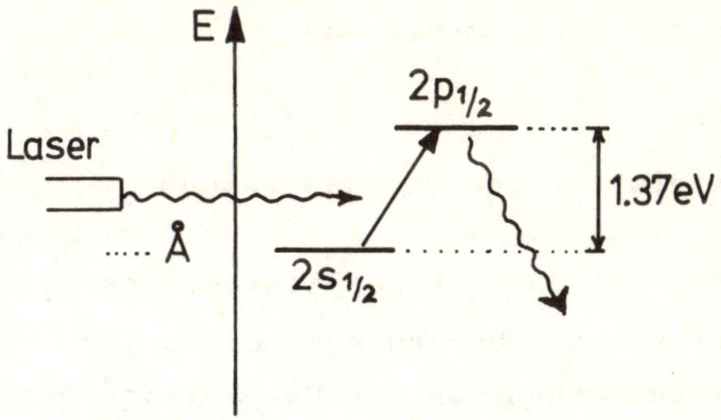

Fig. 2.8: Die Aufspaltung der 2s- und 2p-Niveaus im myonischen Heliumatom wird durch Anregung geeigneter Atomzustände mit Hilfe eines Lasers gemessen.

wie wir ja gerade diskutiert haben, fällt diese Energiedifferenz genau in den Frequenzbereich abstimmbarer Laser. Vor kurzem ist auch ein Experiment nach dieser Methode ausgeführt worden. Wir haben es hier wirklich mit einem Phänomen zu tun, in dem die Vakuumpolarisation das Experiment überhaupt erst möglich macht. Die Vakuumpolarisation als solche ist jedoch ein Effekt, der auch in vielen anderen atomaren Systemen zu finden ist. Ohne die genaue Kenntnis der Vakuumpolarisation können die atomaren Energien nicht genau berechnet werden.

M: Wir können also die Vakuumpolarisation als experimentell bestätigt betrachten, und ihre Größe ist ebenfalls durch Experimente sehr gut bekannt.

Andere Wechselwirkungen und das Vakuum

R: Ja. Sie ist durch Experimente so genau bestätigt, daß wir wirklich überzeugend behaupten können, daß unsere Vorstellungen von den Wechselwirkungen zwischen geladenen Teilchen heute sehr gut überprüft sind. Aber das trifft natürlich nur auf die Struktur des elektromagnetischen Vakuums zu, weil wir im Augenblick ja nur die elektromagnetischen Wechselwirkungen betrachten. In der Physik gibt es aber noch viele andere Wechselwirkungen. Die Schwerkraft ist z.B. entscheidend für die Bildung der Planetensysteme, während die sogenannte schwache Wechselwirkung für die natürliche Radioaktivität verantwortlich ist.

M: Und die starke Wechselwirkung hält die Atomkerne zusammen, die wir benötigen, um überhaupt Atome zu bilden.

R: Ja. Es gibt also viele Wechselwirkungen, aber die bekannteste ist eben die elektromagnetische. Aus diesem Grund haben wir uns als erstes damit beschäftigt, daß es in Anwesenheit elektromagnetischer Felder eine Ladungsverschiebung im Vakuum gibt. Dies ist die erste Vakuumstruktur, die wir kennengelernt haben. Aber das ist noch lange nicht alles, was sich über das elektromagnetische Vakuum sagen läßt.

Kapitel 3

Das geladene Vakuum

M: Wie wir im vergangenen Kapitel gesehen haben, hat das Vakuum eine Struktur. Wir haben auch gesehen, daß es Experimente gibt, die das beweisen. Jetzt wollen wir uns überlegen, ob das Vakuum unter bestimmten Umständen seine Struktur verändern kann.

R: Was verstehst du unter einer Veränderung seiner Struktur?

M: Nun, zu Beginn unserer Diskussion haben wir gesagt, daß das Vakuum verschiedene Strukturen haben kann, und daß es möglicherweise in einer bestimmten Struktur gefangen ist. Wenn sich die Umstände ändern, kann es sogar in eine andere Struktur zerfallen.

R: Mit Vakuum meinst du dabei einen Vakuumzustand, wie wir es genannt haben, wobei es verschiedene Zustände des Vakuums geben kann, die eine verschiedene Struktur besitzen.

Die elektrische Ladung des Vakuums

M: Ja. Die Strukturen müssen sich in irgendeiner Eigenschaft unterscheiden. Und wenn wir das elektrische oder das elektromagnetische Vakuum betrachten, dann ist bestimmt die Ladung eine der wichtigsten Eigenschaften.

R: Im Rahmen des Bildes von der Diracsee hatten wir uns aber dafür entschieden, daß die Ladung des Vakuums null sein muß.

M: Dies lag daran, daß das Vakuum nur polarisiert werden konnte.

R: Und ursprünglich in bezug auf Elektronen und Positronen symmetrisiert wurde.

M: Richtig.

R: Wie können wir diese Symmetrie brechen?

M: Nun, wir haben die Symmetrie ja schon durch die Einführung eines Atomkernes gebrochen, denn der Atomkern hat positive Ladung und wirkt deshalb verschieden auf Positronen und Elektronen.

R: Deshalb gibt es im Prinzip keinen Grund zu erwarten, daß die Ladung des Vakuums immer noch null ist.

M: Das ist richtig. Aber wir haben doch Ladungserhaltung. Wie kann dann im Vakuum die Ladung erhalten sein?

R: Irgendetwas muß die überschüssige Ladung aufnehmen können, und man muß annehmen, daß sich die überschüssige Ladung vom Vakuum entfernen läßt. Wenn wir einen Atomkern in einen Kasten setzen, wo er ein geladenes Vakuum erzeugt, müssen wir eben die entgegengesetzte Ladung mit Hilfe irgendeiner Apparatur aus diesem Kasten herauspumpen. Das Vakuum, das den Atomkern unmittelbar umgibt, ist tatsächlich geladen.

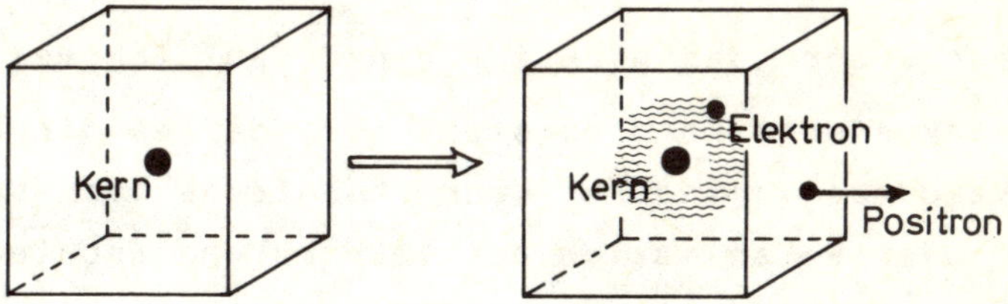

Fig. 3.1: Wenn das elektrische Feld eines Atomkerns stark genug ist, können reelle Teilchen aus dem Vakuum erzeugt werden. Das lokale Vakuum in der Nähe des Atomkerns ist dann negativ geladen, während ein positiv geladenes Positron entweicht.

M: Wenn das Vakuum wirklich geladen ist, dann haben wir nicht nur das, was wir vorher als virtuelle Vakuumpolarisation bezeichnet haben, sondern zusätzlich eine Art reeller Vakuumpolarisation mit der Eigenschaft, daß die Gesamtladung im Vakuum nicht null ist.

R: Das ist ja auch vernünftig. Denke nur daran, daß wir eine recht ausführliche Diskussion geführt haben, um uns davon zu überzeugen, daß die Vakuumladung wirklich null ist, und daß es sich bei der Vakuumpolarisation nur um eine Verschiebungsladung handelt.

Geladenes Vakuum - oder nicht?

M: Aber kann das wirklich eintreten? Ich meine, wenn das elektrische Feld so stark ist, daß es die Struktur des Vakuums verändern kann, könnte es doch sein, daß durch die Polarisation des Vakuums das angelegte Feld schwächer wird und sich aufgrund einer Art Selbstveränderung des elektrischen Feldes eine Grenzfeldstärke einstellt, die uns sagt, daß ein reelles geladenes Vakuum nicht entstehen kann.

R: Sättigungsphänomene dieser Art gibt es in vielen Gebieten der Physik. Das Entgegengesetzte davon, nämlich das Eintreten einer Änderung in der Struktur eines Zustandes, wenn die Kräfte genügend stark werden, ist ebenfalls bekannt. Im Prinzip kann sowohl ein abschirmender als auch ein verstärkender Effekt eintreten, und es ist nur eine Frage der Einzelheiten der Theorie, was wirklich geschieht.

M: Ob es also Sättigung gibt oder nicht.

R: Richtig. Um uns zu vergewissern, ob sich das geladene Vakuum als Ergebnis einer immer größer werdenden elektrischen Feldstärke einstellt, müssen wir sorgfältig untersuchen, was die bekannte Theorie der Wechselwirkung von Elektronen und Positronen in einem gegebenen elektrischen Feld vorhersagt.

M: Ach ja, ich erinnere mich. Bei der Diskussion der Vakuumpolarisation im myonischen Helium haben wir gesagt, daß der Effekt der Vakuumpolarisation der naiven Erwartung entgegengesetzt ist. Die Vakuumpolarisation verstärkt das elektrische Feld.

R: Das geht solange weiter, bis die Vakuumpolarisation reell wird. Die Vakuumpolarisation versucht immer, das angelegte elektrische Feld zu verstärken. Es könnte aber doch noch andere Effekte geben, die dieser Tendenz entgegenwirken.

M: Diese Effekte sind ebenfalls sorgfältig untersucht worden, und die Leute haben herausgefunden, daß diese Effekte nur eine kleine Korrektur darstellen, und sicherlich nicht das elektrische Feld daran hindern können, so stark zu werden, daß die Vakuumpolarisation reell wird.

R: Wenn das aber so ist, dann haben wir keinen Grund, warum wir nicht ein geladenes Vakuum bilden können. Wir müssen nur einen genügend großen Atomkern hineinsetzen.

M: Das ist der augenblickliche Standpunkt unseres Wissens. Es ist daher sehr interessant, diesen Effekt experimentell zu beobachten, um ein Beispiel zu finden, in dem der Vakuumzustand seine Struktur verändert.

Das Vakuum schlägt Funken

R: Nun, wir wissen ja beide, daß ein Isolator von Zeit zu Zeit durchschlägt, wenn man ein sehr starkes elektrisches Feld an ihn anlegt. Dies ist eine Folge der restlichen elektrischen Leitfähigkeit im System, die zu einer Lawinenentladung führen kann.

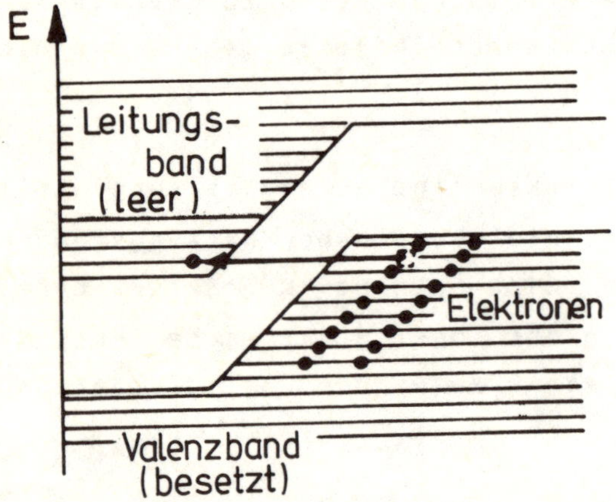

Fig. 3.2: Eine starke elektrische Spannung führt zum "Durchschlagen" eines Isolators. Dabei springen Elektronen aus gebundenen Zuständen (Valenzband) in das Leitungsband.

M: Die Schwellenenergie, die notwendig ist, um im Vakuum ein Elektron-Positron-Paar zu erzeugen, hat eine gewisse Ähnlichkeit mit der Schwelle, die im Isolator notwendig ist, damit ein Funken entsteht.

R: Richtig. Da wir die Zustände der Elektronen und Positronen im Vakuum mit dem Leitungsband eines

Isolators vergleichen können, entsteht ein Elektron-Positron-Paar, wenn die Stärke des elektrischen Feldes die Lücke zwischen Elektron-Positron-Zuständen überbrücken kann. Wir würden daher einen solchen Funken nicht nur in der Umgebung eines sehr schweren Atomkerns erwarten, sondern natürlich auch dann, wenn wir ein konstantes, homogenes, elektrisches Feld an das Vakuum anlegen.

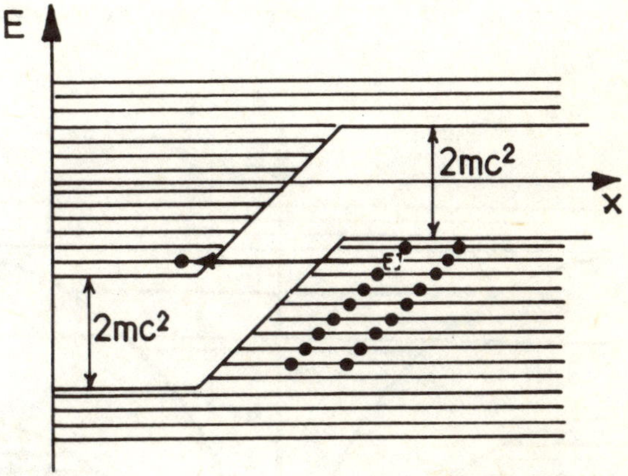

Fig. 3.3: Ein sehr starkes elektrisches Feld ist in der Lage, Elektron-Positron-Paare aus dem Vakuum zu erzeugen. Zustände negativer und positiver Energie spielen dabei die Rolle von Valenz- und Leitungsband.

M: Da hast Du ganz recht. Aber wenn man die Wahrscheinlichkeit für eine solche Paarerzeugung in normalen makroskopischen elektrischen Feldern ausrechnet, findet man, daß sie selbst bei starken Feldern außerordentlich klein ist. Wir haben keine Chance, sie im Laufe unseres Lebens zu beobachten.

R: Wie schon gesagt, ist entscheidend, daß die Größe eines elektrischen Feldes auf subatomare Abstände beschränkt sein muß. Bei unserer Besprechung der Vakuumpolarisation haben wir gesehen, daß die kritische Länge ungefähr 400 Fermi ist. Wir benötigen also ein elektrisches Feld, das von null auf den notwendigen Wert über eine vergleichbare Distanz ansteigt. Dies ist natürlich bei makroskopischen Feldern unmöglich. Aber beim elektrischen Feld eines überschweren Atomkerns ist das der Fall.

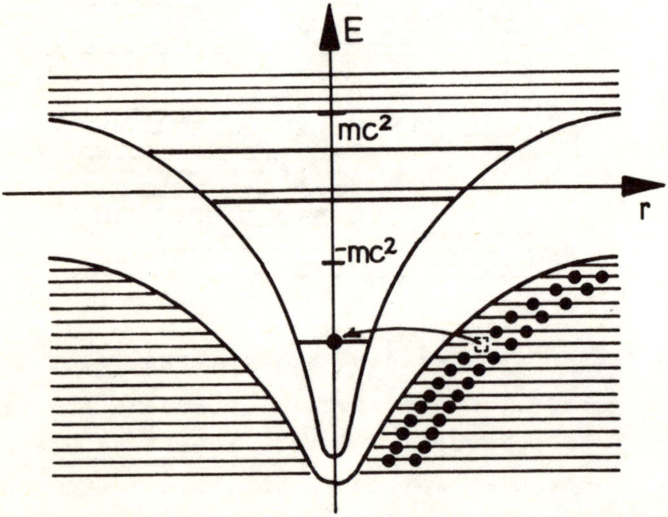

Fig. 3.4: Das elektrische Feld in der Nähe eines überschweren Atomkerns führt zur spontanen Erzeugung eines Elektron-Positron-Paares ("Durchschlagen des Vakuums").

Superkritische Atomkerne

R: Aber ist dies nicht schon so weit von unseren praktischen Möglichkeiten entfernt, daß wir es wieder mal mit einer Übung in Elfenbeinturmphysik zu tun haben?

M: Nein, keineswegs. Natürlich wäre ein Versuch, die Positronen von schweren Kernen selbst produzieren zu lassen, ein Elfenbeinturmexperiment. Aber es geht uns ja nicht darum, diesen Prozeß durchzuführen. Wir wollen doch nur das Prinzip bestätigen, das aussagt, daß der Vakuumzustand verschiedene Strukturen haben kann. Wir wollen an einem Beispiel, wo wir die Wechselwirkungen kennen und alles genau berechnen können, zeigen, daß die Natur sich wirklich so verhält, wie wir es aufgrund unserer Vorstellungen erwarten.

R: Oder anders ausgedrückt: in vielen Fällen, wo wir damit rechnen, daß solche Änderungen im Vakuum stattfinden, haben wir nicht dieselbe Kontrolle über die Umstände, wie es bei einem schweren Ein-Elektron-Atom der Fall ist.

M: Das ist die typische Vorgehensweise der Naturwissenschaft. Man möchte ein allgemeines Prinzip beweisen und damit die Ideen überprüfen, die den Theorien und Modellen zugrundeliegen. Dazu sucht man sich einen sehr speziellen Fall aus, in dem sich alle Details kontrollieren lassen. Die theoretischen Vorhersagen kann man dann mit den experimentellen Resultaten vergleichen.

R: Dies erinnert mich an das berühmte Experiment von Galileo, bei dem er einen schweren und einen leichten Stein vom Turm zu Pisa fallen ließ. Er zeigte, daß zwei Objekte verschiedenen Gewichts auf der Oberfläche der Erde zur gleichen Zeit ankommen und lieferte damit den Beweis dafür, daß die Geschwindigkeit eines fallenden Gegenstands von seiner Masse unabhängig ist.

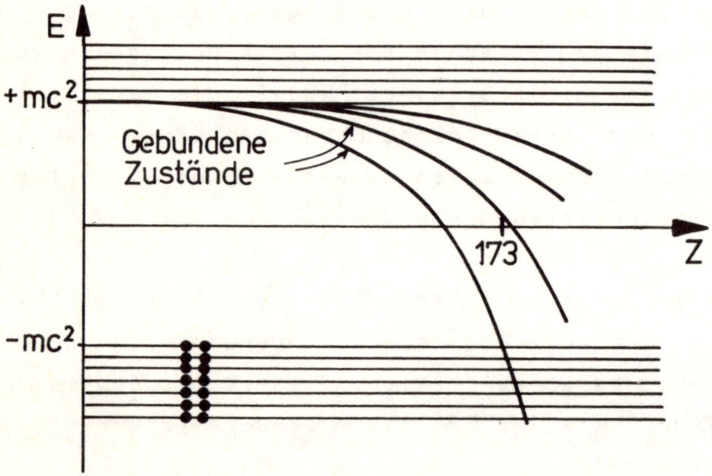

Fig. 3.5: Die Vakuumpolarisation wird reell, wenn ein gebundener Elektronenzustand in den See negativer Energiezustände eintaucht. Leider gibt es solche überschweren Atomkerne in der Natur nicht.

M: Aber laß mich wieder auf unser Experiment zurückkommen. Wenn das elektrische Feld genügend stark gemacht wird, so daß die Vakuumpolarisation reell wird, dann müssen wir, wie schon gesagt, wegen der Ladungserhaltung die überschüssige Ladung loswerden. Beim Übergang vom neutralen zum geladenen Vakuum muß also eine Ladung emittiert werden. Und wenn im elektrischen Feld eines positiv geladenen Atomkerns das Vakuum die Ladung eines Elektrons trägt, dann wird sicherlich ein Positron emittiert.

R: Man kann sogar zeigen, daß dieses Positron eine ganz bestimmte Energie hat, die vom elektrischen Feld des Kernes abhängig ist. Wenn man also die Stärke des elektrischen Feldes kennt, kann man die Energie der Positronen vorhersagen. Und das kann in Experimenten überprüft werden, bei denen man elektrische Felder verschiedener Stärke verwendet.

Experimenteller Nachweis des Vakuumzerfalls

M: Es gibt aber keine Atomkerne mit einer solchen Anzahl von Protonen, die ausreicht, um die Vakuumpolarisation reell zu machen. Experimente mit gewöhnlichen Atomkernen lassen sich also nicht ausführen. Man kann aber zwei sehr schwere Kerne, etwa zwei Urankerne, mit genügend viel Energie aufeinander schießen, so daß sie sich sehr nahe kommen. Das ergibt eine Gesamtladung von 184 Protonen auf engem Raum, und man kann hoffen, während der Zeit, in der die Kerne nahe beieinander sind, den Übergang vom neutralen zum geladenen Vakuum zu sehen. Dabei stellt sich jedoch heraus, daß die Zeit nicht ausreicht, wenn die beiden Kerne einfach aneinander vorbeifliegen. Der Grund dafür liegt wieder in der Unschärfebeziehung: wenn die für den Vakuumzerfall zur Verfügung stehende Zeit sehr kurz ist, dann ist die Energie des emittierten Positrons ganz unscharf, und man kann die Vakuumzerfallspositronen nicht von anders erzeugten Teilchen unterscheiden.

R: Glücklicherweise kommen uns dabei die anziehenden Kernkräfte zu Hilfe. Diese Kräfte, die normalerweise für die Stabilität der Atomkerne verantwortlich sind, führen auch zu einer Anziehung der beiden vorbeilaufenden Urankerne, wenn sie miteinander in Berührung kommen. Dann kann es auch zur Bildung von sozusagen einem Doppelurankern kommen, der relativ langlebig sein kann. Solche "Kernmoleküle" sind schon seit langer Zeit bekannt, aber ihre mögliche Bildung beim Stoß zweier sehr großer Urankerne war ursprünglich nicht allgemein erwartet worden. Wenn das Kernmolekül gebildet wird, dann sollte genügend Zeit vorhanden sein, daß der Übergang zum geladenen Vakuum unter Aussendung eines Positrons scharfer und genau definierter Energie stattfindet.

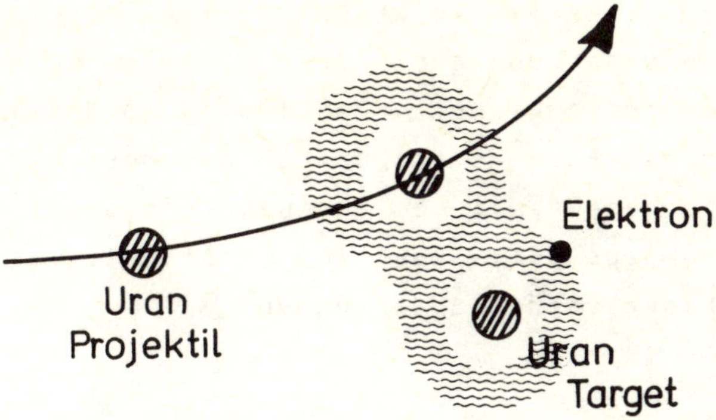

Fig. 3.6: Beim Stoß zweier schwerer Kerne entsteht kurzzeitig ein überschweres "Quasi-Atom".

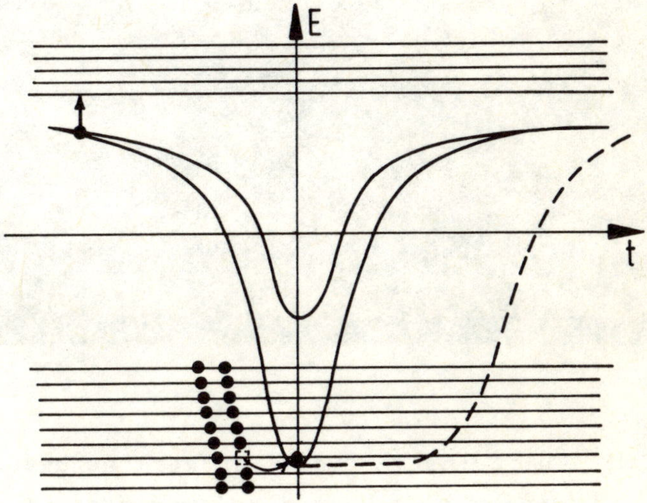

Fig. 3.7: Während der Kollision zweier sehr schwerer Atomkerne (z.B. Uran auf Uran) taucht ein gebundener Elektronenzustand vorübergehend in die See von Elektronen negativer Energie (Diracsee) ein. Dabei kommt es zur spontanen Bildung eines Elektron-Positron-Paares. Das Positron entweicht mit wohldefinierter Energie.

M: Solche Experimente werden seit einiger Zeit an dem Schwerionenbeschleuniger der GSI in der Nähe von Darmstadt durchgeführt. Dabei sind in der Tat scharfe Linien in dem Positronenspektrum gefunden worden, deren Energie ungefähr mit der vorausberechneten Energie der Positronen aus dem Vakuum übereinstimmt. Das bestätigt unsere theoretischen Erwartungen.

Fig. 3.8: Luftaufnahme des Schwerionenbeschleunigers der GSI, an dem die Experimente zum Nachweis des geladenen Vakuums ausgeführt werden.

(Reg. Präs. Darmstadt, Nr. 2346/82)

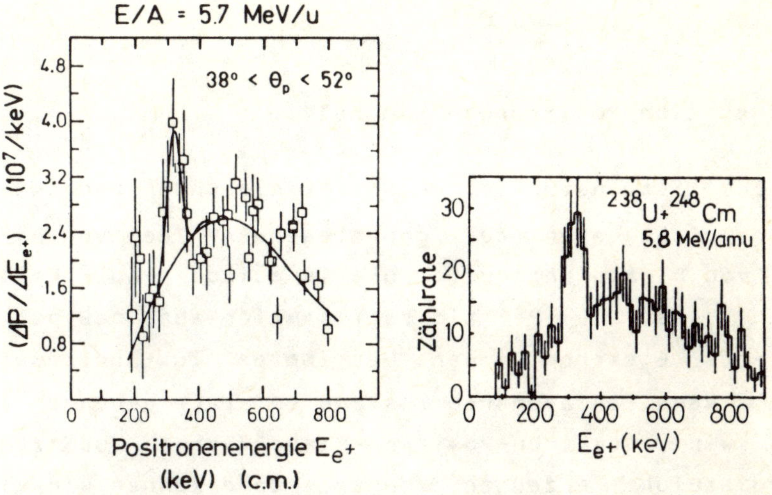

Fig. 3.9: Bei Experimenten am Schwerionenbeschleuniger der GSI wurden die scharfen Linien im Positronenspektrum entdeckt.

Die eindeutige Interpretation dieser Ergebnisse ist aber noch mit der Klärung schwieriger kernphysikalischer Fragen verknüpft. Erst wenn die Details der Kernstruktur in starken elektrischen Feldern die bei der Positronenerzeugung eine Rolle spielen, aufgeklärt sind, werden wir mit Sicherheit sagen können, daß der Übergang vom neutralen zum geladenen Vakuum der Elektrodynamik experimentell nachgewiesen ist.

R: Doch laß mich jetzt zur prinzipiellen Fragestellung zurückkehren. Warum erwarten wir nur ein Positron? Könnte es nicht sein, daß der neue Vakuumzustand wie eine Positronenkanone wirkt?

Gibt es eine Positronen-"Kanone"?

M: Das ist natürlich ein faszinierender Gedanke. Es widerspricht aber der grundlegenden Idee von Diracs See, von Diracs Unterwelt, die ja auf dem Pauli-Prinzip beruht. Das Pauli-Prinzip sagt nämlich aus, daß nur ein einziges Elektron einen bestimmten Zustand besetzen kann. Wenn ein atomarer Zustand so stark gebunden ist, daß wir Elektron-Positron-Paare ohne zusätzliche Energiezufuhr erzeugen können, dann können wir nicht mehr als ein Elektron-Positron-Paar erzeugen.

R: Wenn wir aber das elektrische Feld noch stärker machen, dann erwarten wir noch weitere Funken im Vakuum. Mit stärker werdendem elektrischem Feld können also mehr Positronen emittiert werden. Dabei bleibt natürlich die Ladung aller Elektronen in der Nähe des Atomkerns lokalisiert.

M: Und schirmt das starke elektrische Feld des Atomkerns immer mehr ab.

R: Aha, du sagst also, daß die reelle Vakuumpolarisation nun die Quelle des elektrischen Feldes abschirmt, im Unterschied zur virtuellen

Vakuumpolarisation, von der wir im vergangenen Kapitel gesprochen haben.

M: Ja. Dies ist ein ganz wichtiger Unterschied zwischen der virtuellen und der reellen Vakuumpolarisation. Die eine verstärkt das elektrische Feld, während die reelle Vakuumpolarisation das Feld abschirmt.

R: Wenn das so ist, dann können wir nie mehr Positronen erzeugen als Protonen in der Quelle des elektrischen Feldes vorhanden sind. Dies ist also die oberste Grenze für die Zahl der Positronen. Deshalb können wir auf diese Weise niemals eine Positronenkanone bauen.

M: Das ist sicher richtig so. Es übersteigt aber auch die Grenzen der jetzigen experimentellen Möglichkeiten. In den nächsten Jahren können wir sicherlich nicht mehr als ein oder zwei Positronen in einem Experiment erzeugen.

R: Aber wir wissen beide, daß die Wissenschaft oft große Fortschritte gemacht hat. Was heute noch außerhalb des Bereiches der Möglichkeiten liegt, ist morgen oft schon möglich. Wir müssen also sehr vorsichtig sein, wenn wir uns selbst Grenzen setzen, die nicht auf fundamentalen Gründen beruhen. Die Lichtgeschwindigkeit ist eine prinzipielle Grenze für die Bewegung aller physikalischen Körper. Die elektrische Feldstärke, die wir in einem kleinen Raumbereich erzeugen können, besitzt keinen solchen Grenzwert. Wir können nicht ausschließen, daß irgendwann in der Zukunft jemand eine sehr schlaue Idee hat, wie sich ein außerordentlich starkes, lokalisiertes elektrisches Feld erzeugen läßt.

M: Andererseits, wenn der Übergang des Vakuums uns nicht die Möglichkeit gibt, eine Positronenkanone zu bauen, dann sollten wir uns überlegen, ob das elektrische Feld nicht andere Teilchen wie etwa Myonen erzeugen kann.

R: Damit wir eine Myonenkanone haben?

M: Nun ja, das vielleicht nicht gerade. Aber wenn wir außer Elektronen auch Myonen erzeugen könnten, dann würde uns das Pauli- Prinzip, das die weitere Erzeugung von Elektronen verbietet, immer noch die Erzeugung von Myonen erlauben.

R: Ja, natürlich, aber die Myonen haben ihr eigenes Pauli-Prinzip. Deshalb können wir auch nicht beliebig viele Myonen erzeugen. Aber wir müssen wohl zunächst mal die Frage stellen, ob das elektrische Feld überhaupt stark genug ist, um ein Teilchen zu erzeugen, was zweihundert mal schwerer ist als ein Elektron.

M: Wahrscheinlich nicht. Die Bahnen der Myonen um den Atomkern verlaufen viel näher am Kern als die der Elektronen, das haben wir ja vorhin beim myonischen Helium gesehen. Bei einem sehr schweren Atomkern mit einem starken elektrischen Feld sind die Bahnen so klein, daß sie innerhalb des Atomkerns verlaufen und daher das starke elektrische Feld nicht mehr in vollem Ausmaß verspüren.

R: Dies bedeutet natürlich nichts anderes, als daß das Myon im Vergleich zum Elektron Strukturen erkennt und abtastet, die zweihundert mal kleiner sind. Wenn also der Atomkern die Größe von etwa 15 Fermi hat, was etwa dem Durchmesser eines Urankerns entspricht, dann werden die Myonen in ihren am stärksten gebundenen Zuständen wohl mehr von der Kernstruktur beeinflußt, und nicht so sehr von der elektrischen Wechselwirkung zwischen dem Atomkern als ganzem und dem Myon.

Vakuumzerfall und andere Elementarteilchen

M: Myonen sind also keine besonders guten Testteilchen für starke elektrische Felder. Wie wir diskutiert haben, sind sie zwar die idealen Probeteilchen der leichten Atome. Für die Bedingungen, die notwendig sind, um den spontanen Zerfall des Vakuums zu studieren, eignen sie sich aber nicht. Dies läßt sich sogar noch etwas weiter führen. Wenn es ein geladenes Teilchen gäbe, das wesentlich leichter wäre als das Elektron, etwa 100mal leichter, dann wäre das sehr schön, denn wir könnten dann das geladene Vakuum wesentlich früher erzeugen. Leider ist aber das Elektron das leichteste elektrisch geladene Teilchen, das wir kennen.

R: Das heißt, daß alle anderen Teilchen, die die Diracgleichung erfüllen, auch Quarks, und was es sonst noch g:bt, noch viel weniger geeignet sind, um den Vakuumzerfall zu untersuchen, weil wir dazu leichte Teilchen und nicht schwere brauchen.

M: Die Elementarteilchen, die wir bisher kennen, sind also alle weniger geeignet als das Elektron, um den Vakuumzerfall zu beobachten.

R: Das ist absolut richtig. Wir haben es nur dem angenehmen Zufall zu verdanken, daß die charakteristische Länge, die mit der Elektronenmasse verknüpft ist, größer ist als der Kernradius. Nur deshalb ist es überhaupt möglich, eine Änderung des Vakuums unter Laboratoriumsbedingungen durchzuführen.

M: Ist es nicht recht verblüffend, daß sich, für welches Problem wir auch uns interessieren, welches physikalische Konzept wir auch testen wollen, immer ein Teilchen findet, das die richtige Größe, die richtige Masse, die richtige Energie und die richtigen Eigenschaften besitzt, um ein Experiment zu ermöglichen?

R: Nein, ich glaube, das ist nicht verblüffend. Ich denke, daß wir uns die Fragen nur stellen, weil diese Teilchen existieren. Gäbe es keine Elektronen, dann wären wir wahrscheinlich niemals mit dem Problem des Vakuumzerfalls konfrontiert worden. Ich glaube, daß das Wissen, das wir besitzen, uns zu immer neuen Fragen führt, die wir beantworten wollen. Jetzt wo wir wissen, daß die elektromagnetische Wechselwirkung zum Vakuumzerfall führt, können wir die Frage stellen, ob das für andere Wechselwirkungen unter anderen Bedingungen auch relevant ist.

Weitere Wechselwirkungen und die Vakuumstruktur

M: Gibt es andere Wechselwirkungen, die der elektromagnetischen Wechselwirkung ähnlich sind?

R: Wir glauben heute, daß alle Wechselwirkungen ähnliche Eigenschaften haben. Der Rest dieses Buches wird sich auch damit beschäftigen. Und wir werden zeigen, wie das Wissen, das wir über die möglichen Vakuumstrukturen der elektromagnetischen Wechselwirkung erworben haben, unser Verständnis der grundlegenden physikalischen Vorgänge in den meisten Gebieten der Physik beeinflußt.

M: Dann ist das hier diskutierte Experiment nichts anderes als ein Prototyp für Vorgänge, die in anderen Gebieten der Physik ablaufen?

R: Natürlich. Und es ist nicht nur ein Prototyp für die Welt der Elementarteilchen und deren elementare Wechselwirkungen, sondern auch für Vorgänge, denen wir in anderen Gebieten der Physik, wie z.B. der Festkörperphysik oder unter anderen Umständen, bei denen viele Teilchen miteinander wechselwirken, begegnen.

M: Ja. Die elektronische Struktur eines Festkörpers ist in vieler Weise der Struktur des Dirac-Vakuums ähnlich. Man hat es oft mit einem Energieband zu tun, das mit Elektronen gefüllt ist, und einem anderen, dessen Zustände leer sind. Ein starkes elektrisches Feld kann ein Elektron aus dem Band der gebundenen Zustände in die unbesetzten Zustände anheben. Auf diese Weise werden Paare von Teilchen und Löchern erzeugt, die sich dann in dem elektrischen Feld bewegen und einen Strom erzeugen, der wiederum nützliche elektronische Effekte hervorrufen kann.

R: Dieser Vorgang ist gut bekannt und wird heute in der Halbleitertechnologie angewendet. Er unterscheidet sich jedoch wesentlich von den Phänomenen, die wir in diesem Kapitel besprochen haben.

M: Natürlich, weil nämlich der Festkörper nicht frei von Teilchen ist, sondern Teilchen enthält. Es ist also kein Vakuumzustand, sondern ein Vielteilchenzustand.

R: Ja. Aber man könnte natürlich genau so gut behaupten, daß unser Vakuum ebenfalls Teilchen enthält, nämlich die Quellen des elektrischen Feldes. Dieses Argument ist jedoch nicht richtig. Man kann sich leicht einen Kasten vorstellen, an den ein äußeres elektrisches Feld von genügender Stärke angelegt wird. Das Vakuum in dem Kasten wird dann durch das starke elektrische Feld genau so verändert, wie wir gerade besprochen haben. Das Nichts nimmt also tatsächlich eine Struktur an, sogar dann, wenn es der Einwirkung einer entfernten Quelle unterliegt.

Praktische Bedeutung der Grundlagenforschung

M: Der Unterschied zwischen den Vorgängen in einem Festkörper und den Prozessen, die sich im Vakuum in einem äußeren Feld abspielen, ist also, daß wir es einmal mit einer Änderung in der Struktur des Vakuums, also eines leeren Raumbereichs, zu tun haben, während sich in dem anderen Fall die Struktur eines realen Mediums ändert.

R: Nun, während vom philosophischen Standpunkt aus das Verständnis des Vakuums größere Bedeutung zu haben scheint, sind die Vorgänge im Festkörper heute sicher von größerer praktischer Bedeutung. Aber wie die Erfahrung zeigt, folgen die Anwendungen von den Erkenntnissen der Grundlagenphysik normalerweise erst in einigen Jahrzehnten. Es ist daher wichtig, daß diese Fragen verstanden werden, damit zu einer späteren Zeit Anwendungen sichtbar werden. Können wir uns schon heute eine Anwendung der physikalischen Ideen, die wir in diesem Kapitel besprochen haben, vorstellen?

M: Nein. Eine praktische Anwendung des Phänomens des geladenen Vakuums ist im Augenblick nicht in Sicht. Aber in der wissenschaftlichen grundlegenden Forschung ist es durchaus üblich, daß man zunächst fundamentale Konzepte untersucht, deren Verständnis wiederum auf neue Probleme und zur weiteren Forschung führt, und erst einige Zeit später ergeben sich oft unvorhergesehene Anwendungen, an die zunächst niemand gedacht hat.

R: Wir müssen also die Eigenschaften des Vakuums erforschen, weil es von grundlegender Bedeutung für unser Verständnis der physikalischen Phänomene und Gesetze ist, und nicht, weil wir dabei eine spezielle Anwendung im Auge haben.

M: Aber diese Anwendungen werden sich ganz sicher ergeben.

R: Nicht morgen.

M: Aber möglicherweise übermorgen.

R: Ich glaube, es lohnt sich, an diesem Punkt hundert Jahre zurückzublicken und sich zu überlegen, welche fundamentalen Fragen zu jener Zeit gestellt wurden. Nur so können wir uns voll darüber im klaren werden, wie sich die Physik und unser Weltverständnis geändert haben.

M: Eines der wichtigsten Probleme, mit denen man sich damals beschäftigte, war die Erzeugung elektromagnetischer Wellen.

R: Oder die Frage, ob die Lichtgeschwindigkeit die größtmögliche Geschwindigkeit ist.

M: Oder die Frage, was ein Atom ist.

R: Mit anderen Worten: es handelt sich dabei durchweg um Dinge, die wir heute täglich anwenden, indem wir unseren Lichtschalter in der Küche anschalten.

M: Oder ein Radio, oder den Fernseher, oder den Mikrowellenherd...

R: Oder die Zündung unseres Wagens, mit dem wir den Motor anlassen, oder einen Laser, mit dem wir physikalische Größen messen können. All dies ist nur aufgrund der fundamentalen Studien der Physik, die vor vielen Jahren durchgeführt wurden, möglich. Das wichtigste Ergebnis ist vielleicht unser Verständnis der Relativität, deren Grundlagen vor hundert Jahren gelegt wurden.

M: Aber die praktischen Anwendungen der Relativitätstheorie in unserem täglichen Leben sind immer noch nicht sehr groß, oder?

R: Das ist nicht ganz richtig. Etwa zehn Prozent unserer gesamten elektrischen Energie entstammt heute dem relativistischen Effekt der Umwandlung von Masse in Energie in der Kernspaltung. Und die Theorie der elektromagnetischen Wellen wurde erst durch die Relativität vollständig.

M: Wir sehen also, daß physikalische Grundlagenforschung irgendwann einmal zu Anwendungen führt, obwohl es oft eine lange Zeit, häufig mehr als 50 Jahre, dauert.

<u>Kapitel 4</u>

Das undurchsichtige Vakuum

Lichtausbreitung im Vakuum

R: Wir wollen jetzt einmal einen Lichtstrahl im Vakuum betrachten. Berndt, glaubst Du, daß der Lichtstrahl durch die verschiedenen Eigenschaften des Vakuums, die wir diskutiert haben, beeinflußt werden kann?

M: Wenn keine elektromagnetischen Felder da sind, bewegt sich ein Photon völlig frei durch das Vakuum. Genau so definieren wir die Lichtgeschwindigkeit. Wir messen sie als die Geschwindigkeit, mit dem sich Licht im Vakuum ausbreitet.

R: Dabei stellen wir auch fest, daß die Lichtgeschwindigkeit unabhängig von der Frequenz und der Wellenlänge des Lichtes ist.

M: Richtig. Alle Photonen bewegen sich mit derselben Geschwindigkeit. Das bedeutet, daß die Photonen masselos sind. Dies ist schon sehr lange bekannt, da wir Photonen beobachten können, die von Sternen zu uns kommen, die viele Lichtjahre entfernt sind.

R: In dem beobachteten Wert der Lichtgeschwindigkeit von ungefähr 300 000 Kilometern pro Sekunde sind alle möglichen Einflüsse des Vakuums auf die Lichtausbreitung enthalten.

M: Ja. Eine dieser Eigenschaften ist, daß das Photon das Vakuum polarisieren kann, während es sich bewegt. Aber alle diese Effekte sind in den uns bekannten Eigenschaften des physikalischen Photons enthalten.

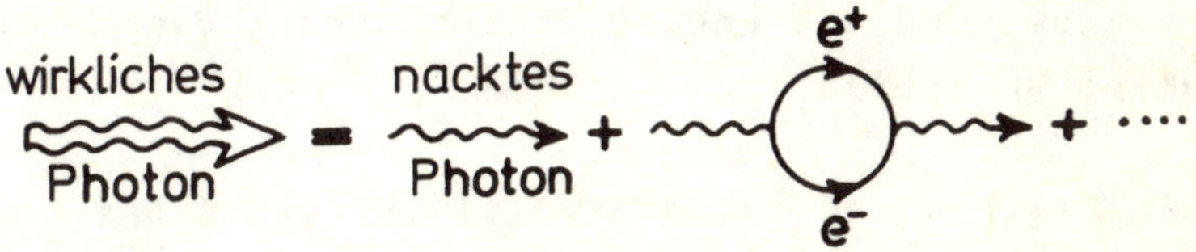

Fig. 4.1: Der Begriff des "wirklichen" Photons, das experimentell untersucht wird, enthält bereits alle Effekte der Polarisation des Vakuums.

R: Aha. Du meinst also z.B., daß es die Unschärferelation einem Photon erlaubt, für eine kurze Zeit zum Elektron-Positron-Paar zu werden, dann wieder zu rekombinieren und wieder ein Photon zu werden.

Zwei Lichtstrahlen wechselwirken miteinander!

M: Ja. Deswegen kann ein zweites Photon an dem ersten Photon gestreut werden. Denn wenn das zweite Photon gerade in dem Augenblick ankommt, in dem das erste Photon in ein Elektron-Positron-Paar verwandelt ist, dann sieht das zweite Photon im Vakuum eine Ladungsverteilung, an der es gestreut werden kann. Das Photon hat im Vakuum also eine (dynamische) Ladungsverteilung. Oder vielleicht sollten wir es noch etwas anders ausdrücken: das eine Photon polarisiert das Vakuum, und das andere Photon streut dann an dieser Vakuumpolarisation.

M: An sich würde man diesen Effekt gar nicht erwarten können - seine Existenz hängt damit zusammen, daß wir uns in der Physik immer mit dem befassen, was gemessen werden kann. Wenn ein einzelnes Photon das Vakuum durchquert, kann man nicht feststellen, daß es einen Teil seiner Zeit als Elektron-Positron-Paar zubringt. Nur wenn ein zweites Photon dazukommt, kann man sehen, daß das erste Photon das Vakuum bereits polarisiert hat. Aber dann haben wir es eben mit Reaktionen von zwei Photonen zu tun.

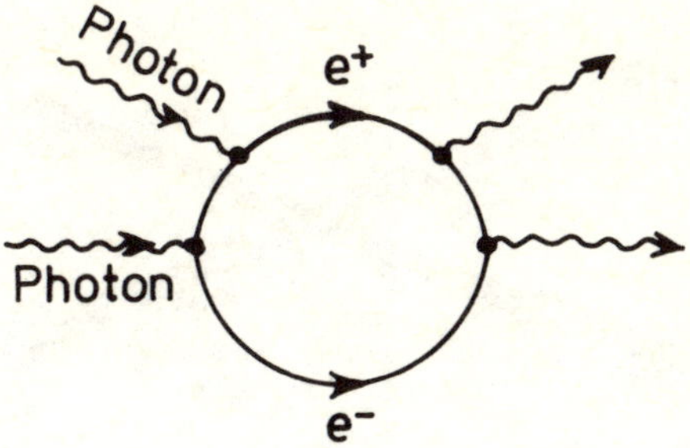

Fig. 4.2: Delbrück-Streuung: ein Photon kann an der durch ein zweites Photon erzeugten Vakuumpolarisationswolke streuen.

R: Die Photon-Photon-Streuung ist also allein ein Vakuumphänomen. Dieser Effekt ist sicher sehr sorgfältig studiert worden. Wie führt man ein Experiment aus, um die Photon-Photon-Streuung zu beobachten?

M: Nun, dieser Effekt wurde schon vor langer Zeit theoretisch vorhergesagt, kurz nachdem man erkannt hatte, daß es die Diracsee aus Elektronen und Positronen geben muß. Heisenberg dachte darüber nach, und auch Delbrück, der später ein Pionier der Biochemie wurde, schlug damals ein Experiment vor. Aber der Effekt ist so winzig, daß selbst heute die Streuung zweier Laserstrahlen aneinander nicht beobachtet werden kann.

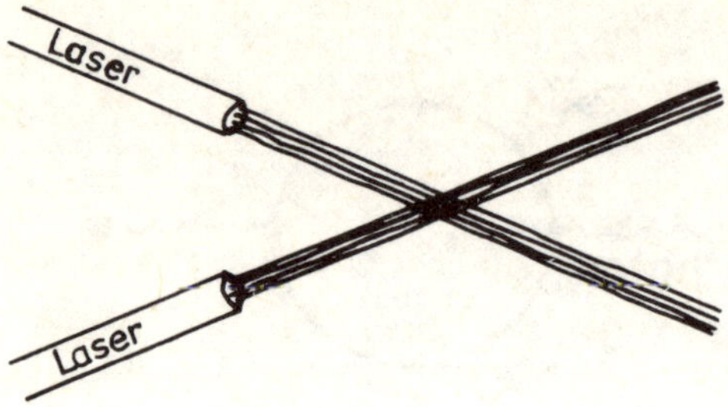

Fig. 4.3: Zwei sich kreuzende Laserstrahlen erfahren eine äußerst schwache Streuung (Delbrück-Streuung) durch die Wechsel- wirkung der Photonen mit der Vakuumpolarisation. Die Intensität der heute verfügbaren Laser reicht jedoch nicht aus, diesen Effekt experimentell nachzuweisen.

R: Und warum ist das so schwierig?

M: Weil die Ladungsverteilung, die das Photon im Vakuum erzeugt, so außerordentlich klein ist, viel kleiner als die Wellenlänge des sichtbaren Lichtes.

R: Wenn man aber Laserstrahlen mit höherer Intensität erzeugen könnte, könnte man diese Streuung vielleicht doch messen?

M: Ja. Man kann mit einer hohen Zahl der Photonen einen sichtbaren Effekt schaffen. Der Streueffekt wächst mit der vierten Potenz des Laserfeldes. Wenn wir Laser mit viel höherer Intensität oder gar mit sehr kurzwelliger Strahlung hätten, könnten wir dieses Experiment leicht durchführen.

Lichtstreuung am polarisierten Vakuum

R: Das wäre bestimmt sehr aufregend. Doch leider haben wir solche Laser noch nicht entwickelt. Aber wir könnten immerhin versuchen, die Vakuumpolarisation, die durch das elektromagnetische Feld eines Kernes oder gar eines starken Magneten hervorgerufen wird, zu messen. Wir könnten einfach Laserlicht durch den Bereich des starken Feldes laufen lassen.

M: Das ist wahr. Genau so ist auch die Photonenstreuung im Vakuum zuerst beobachtet worden, nämlich durch die Streuung von Photonen an der Vakuumpolarisation im Feld eines schweren Atomkernes. Es werden jetzt auch Experimente vorbereitet, in denen man versucht, die Streuung eines Photons an der Vakuumpolarisation in einem starken makroskopischen, magnetischen Feld zu beobachten, das durch einen supraleitenden Magneten erzeugt wird. Wenn es wirklich gelingt, die Photon-Photon-Streuung in solchen Experimenten zu messen, dann hat man die Vakuumpolarisation eines makroskopischen, ausgedehnten, elektrischen oder magnetischen Feldes direkt beobachtet.

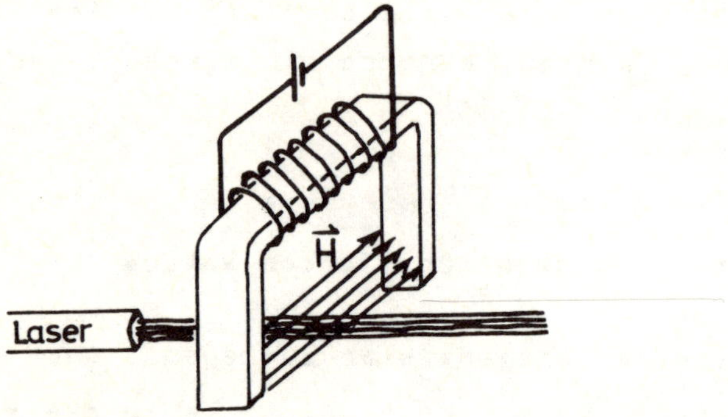

Fig. 4.4: Experimente zum Nachweis der Delbrück-Streuung eines Laserstrahls an einem starken Magnetfeld sind in Vorbereitung. Im tatsächlichen Versuchsaufbau verläuft der Laserstrahl in Richtung der magnetischen Feldlinien.

R: Diese Experimente sind gerade am CERN in der Vorbereitung, und ich hoffe, daß sie unsere Vorstellungen vom Vakuum bald bestätigen.

Gibt es eine elementare Licht-Licht-Wechselwirkung?

M: Daß dieser Effekt so klein ist, hängt offensichtlich damit zusammen, daß die Photonen nicht direkt miteinander wechselwirken können, sondern nur indirekt über die Polarisation des Vakuums. Wäre es denn nicht auch denkbar, daß Photonen direkt miteinander wechselwirken? Vielleicht können wir das bei diesen Experimenten auch entdecken?

R: Ja, im Prinzip wäre dies auch möglich, aber nur, wenn es mehr als eine Art Photonen gäbe.

M: Was meinst Du mit "mehr als eine Art von Photonen"? Meinst Du vielleicht, daß Photonen verschiedene Polarisationsrichtungen haben können?

R: Nein, ich meine so etwas wie bei Elektronen und Positronen. Sie tragen verschiedene Ladungen, und es handelt sich um Teilchen und Antiteilchen. Genauso brauchen wir zwei Arten von Photonen, nicht Teilchen und Antiteilchen, aber vielleicht etwas, bei dem außer der Polarisationsrichtung noch etwas anderes verschieden ist, so ähnlich wie eine Ladung.

M: Dies ist etwas, was mich schon immer verwundert hat. Vielleicht kannst Du mir etwas mehr dazu sagen? Warum hat das Photon keine Ladung, ich meine keine elektrische Ladung?

R: Nun, ein Photon darf gar keine Ladung besitzen, sonst wäre unser Vakuum wahrscheinlich sehr undurchsichtig. Laß mich das mal erklären: selbst wenn der außerordentlich schwache Effekt der Photon-Photon-Streuung, den wir gerade diskutiert haben, bedeutet, daß es eine bestimmte Art der Photon-Photon-Wechselwirkung gibt. Nun, was passiert dann, wenn diese Wechselwirkung anziehend ist? Die Photonen würden sich zu Haufen zusammenballen. Und weil die Photonen Bosonen sind, d.h. Teilchen, die sich gern alle im gleichen Zustand aufhalten, würden sie große Photonenklumpen bilden.

M: Aber wir wissen doch, daß sich die Photonen anziehen, weil sie Energie besitzen, und Energie gravitiert. Photonen ziehen sich durch ihre Schwerkraft mit Sicherheit gegenseitig an.

R: Ja, aber das ist vielleicht bei der Entstehung des Weltalls wichtig. Um aber eine ausreichende Stärke der Schwerkraft zu erreichen, müßten wir eine riesige Zahl Photonen zusammenbringen, die einen riesigen Strahlungshaufen bilden würden. Die Bildung eines solchen Strahlungsklumpens ist nicht einfach. Wenn aber die Photon-Photon-Anziehung wesentlich stärker wäre als die Schwerkraft, dann könnten möglicherweise schon wesentlich kleinere mikroskopische Haufen von Photonen zusammenhalten.

M: Wäre vielleicht ein Kugelblitz ein solches Objekt?

R: Das ist eine sehr interessante Frage. Natürlich wissen wir beide, daß ein Kugelblitz nicht aus Photonen besteht, sondern aus ionisierten Atomen. Aber im Prinzip ist das genau dasselbe. Der Punkt ist der: wenn es eine genügend starke anziehende Wechselwirkung zwischen den Photonen gäbe, dann hätten sich die meisten Photonen im Universum im Laufe der Zeit zu Haufen zusammengefunden und Klumpen im Vakuum gebildet, und unser Vakuum wäre außerordentlich undurchsichtig.

M: Ja, das sehe ich ein. Aber laß uns doch mal annehmen, daß wir eine andere Sorte von Teilchen haben, die den Photonen ähneln, die aber eine andere Art von Ladung besitzen und sich gegenseitig anziehen. Dann würden sie sicher, wie Du beschrieben hast, eine Art Struktur bilden, so ähnlich wie bei einem Festkörper. Ich meine, so wie Elektronen und Ionen zusammen ein Metall bilden können.

Gluonen: die "Photonen" der starken Wechselwirkung

R: Ja. Wir vermuten heute wirklich, daß es Teilchen - wir nennen sie Gluonen - gibt, die den Photonen sehr ähnlich sind, aber einer sehr starken, nicht elektromagnetischen Wechselwirkung unterliegen. Sie können sich mit Lichtgeschwindigkeit durch das leere Vakuum bewegen, aber wegen ihrer starken Wechselwirkung bilden sie sofort Klumpen.

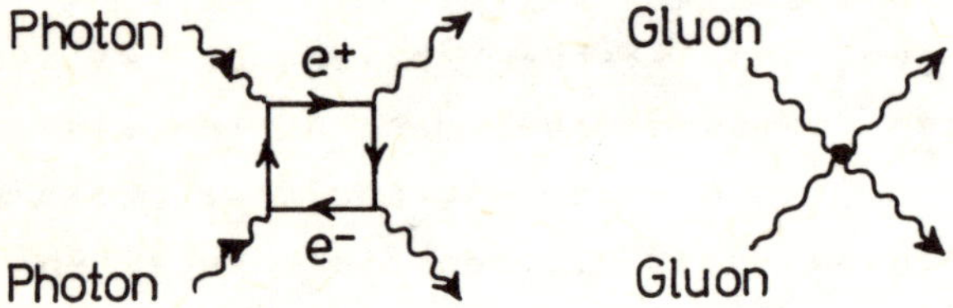

Fig. 4.5: Gluonen, die "Photonen der starken Wechselwirkung", kommen in acht verschiedenen Arten ("Farben") vor, die direkt miteinander wechselwirken können.

M: Du meinst also, daß die ganze Welt mit einer Art Festkörper oder Flüssigkeit gefüllt ist, die aus solchen Klumpen besteht?

R: Ja, das ist wahrscheinlich so. Wir glauben heute, daß das die Erklärung dafür ist, warum sich die

Bausteine der Elementarteilchen, also die Quarks, nicht frei im Vakuum, in dem wir leben, bewegen können.

M: Die Teilchen, die den Photonen ähnlich sind, sich aber gegenseitig anziehen und zusammenkleben, werden sehr passend als Gluonen, also als Klebeteilchen, bezeichnet. Aber sag mir, Jan, warum merken wir normalerweise nichts von dieser See von Gluonenhaufen?

Das Gluonenvakuum

R: Nun, wir sehen die gluonische Struktur des Vakuums deswegen nicht, weil die Gluonen weder mit Photonen noch mit Elektronen wechselwirken, da sie nicht elektrisch geladen sind. Sie wechselwirken auch nicht mit den Bausteinen der Atomkerne, obwohl diese aus Quarks aufgebaut sind, die mit Gluonen wechselwirken können.

M: Ja, genau wie sich Luftblasen frei im Wasser bewegen können, wird die Bewegung der Nukleonen nicht von dem gluonischen Vakuum behindert.

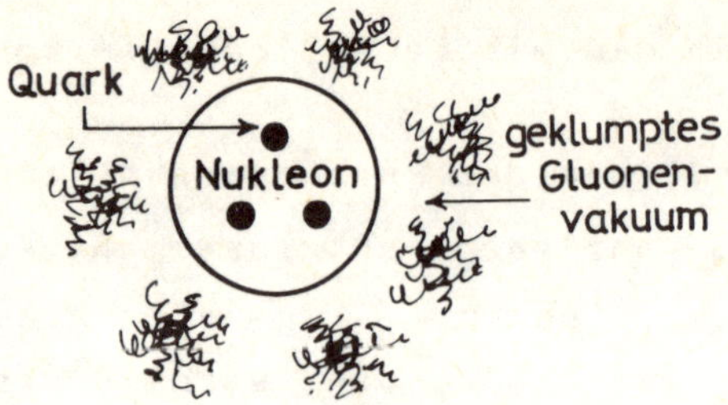

Fig. 4.6: Nukleonen, d.h. Protonen und Neutronen, sind wie Blasen in dem Vakuum aus Klumpen von Gluonen. Die Bausteine der Nukleonen, die Quarks, können sich nur im Innern der Blase aufhalten, da für sie das gluonische Vakuum undurchsichtig und undurchdringlich ist.

R: Gut. Natürlich wissen wir, daß sich die Luftblasen nicht völlig frei bewegen können. Aber wenn wir uns vorstellen, daß das gesamte Universum voll Wasser wäre, dann könnten wir nur beobachten, daß sich Luftblasen entweder praktisch frei bewegen, oder daß sie sich zu größeren Blasen vereinigen. Wir glauben heute, daß sich Atomkerne genau so aus einzelnen Nukleonen zusammensetzen. Du brauchst also bloß jedes einzelne Nukleon mit einer Luftblase zu vergleichen.

M: Atomkerne sind also nichts anderes als Haufen von Blasen.

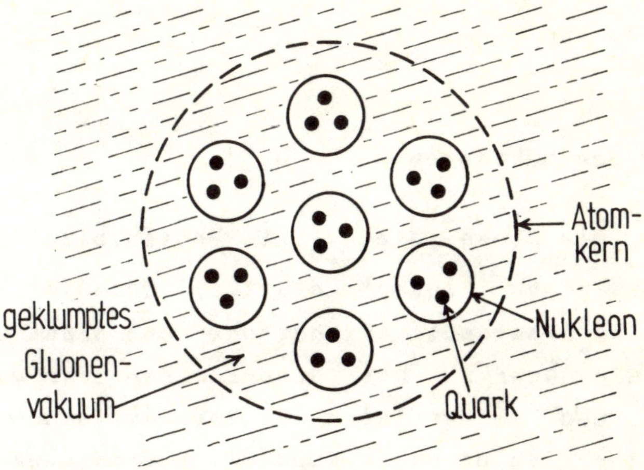

Fig. 4.7: Ein Atomkern ist in der Sprache der modernen Physik eine Ansammlung von Nukleonen-Blasen im geklumpten Gluonen-Vakuum.

R: Wenn Du so willst, ja. Natürlich muß es eine bestimmte Wechselwirkung zwischen den Blasen geben, damit ein großer Haufen, den wir als Atomkern bezeichnen, gebildet werden kann. Und dies ist keineswegs eine einfache Sache. Aber jede einzelne Blase, die wir als Proton oder Neutron bezeichnen, kann sich im Vakuum frei bewegen.

M: Jetzt bin ich aber etwa verwirrt. Wir haben über die Gluonen gesprochen und über Teilchen, die wir die ganze Zeit als Quarks bezeichnet haben, aber jetzt sprechen wir auf einmal über Protonen. Was haben die denn mit all dem zu tun?

Struktur der Nukleonen

R: Nun, die Blase, die wir als Proton bezeichnen, ist aus Bausteinen zusammengesetzt, genauso wie eine gewöhnliche Blase aus Luft besteht. Und diese Bausteine nennen wir Quarks. Die Quarks wären sehr gern freie Teilchen und würden sich einzeln im Vakuum bewegen. Aber leider ist dieses Vakuum mit gluonischem "Wasser" gefüllt.

M: Quarks verhalten sich also ähnlich wie Luftblasen unter Wasser, die sich gerne ausdehnen oder auflösen würden, wenn sie nicht durch den Wasserdruck zusammengehalten würden.

R: Genau so stellen wir es uns heute vor. Wahrscheinlich versuchen die Quarks dauernd, aus den Blasen zu entkommen. Aber sie streuen an den Gluonenklumpen in dem umgebenden gluonischen Vakuum und werden so daran gehindert, freizukommen und unabhängige Teilchen zu werden.

M: Aber da ist noch etwas, was wir besser verstehen müssen. Wir haben gesagt, daß die Blasen von gluonischem Vakuum umgeben sind, und damit die Blasen zusammenhalten, muß das Vakuum auf die Blasen Druck ausüben. Wie kann aber das Vakuum einen Druck ausüben?

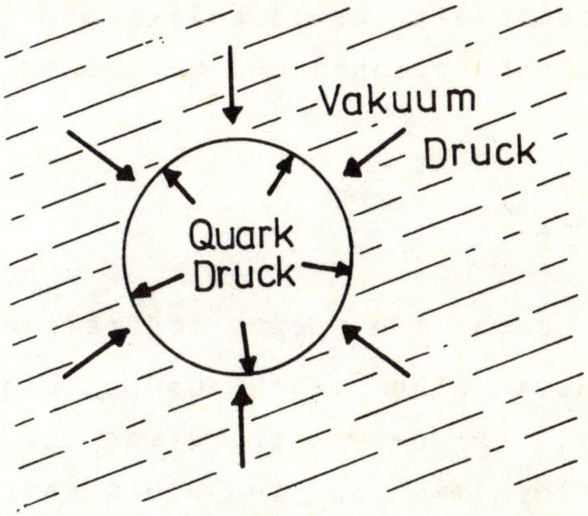

Fig. 4.8 : Die Blasen, in denen sich die Quarks aufhalten, werden durch den Druck des Gluonen-Vakuums zusammengehalten.

R: Genauso wie in dem Beispiel mit den Luftblasen im Wasser kann auch das Vakuum zweifellos einen Druck ausüben, wenn die Quarks mit den Gluonen wechselwirken. Wir können das mit folgender Situation vergleichen: wenn sich die Luft ausdehnen will, dann muß sie Wasser verdrängen. Wenn das aber nicht geht, weil der ganze Raum schon mit Wasser gefüllt ist, dann übt dieses

Wasser auf die Blase einen Druck aus. Wahrscheinlich war zu einem frühen Zeitpunkt in der Entwicklung des Universums wegen der hohen Temperaturen all das gluonische "Wasser" vollständig verdampft. Damals konnten sich die Quarks relativ frei im Universum bewegen, das ja nur einen Dampf aus einzelnen Gluonen und Quarks enthielt. Heute kommen die Quarks nur noch als Bausteine von Protonen und Neutronen vor.

Der Vakuumdruck

M: Es gibt sogar einen experimentellen Beweis dafür, daß das Vakuum einen Druck ausüben kann, nämlich den Casimireffekt. Er hat aber etwas mit dem Vakuum der Quantenelektrodynamik zu tun und nicht direkt mit dem Vakuum der starken Wechselwirkung, das wir gerade diskutieren.

R: Aber es geht uns hier doch nur ums Prinzip und nicht um Details. Wie wir im letzten Kapitel gesehen haben, muß man zunächst das Prinzip bestätigen. Beim Casimireffekt geht es um das Verhalten des Vakuums zwischen zwei elektrisch leitenden Platten.

M: Ja. Der Casimireffekt entsteht, weil das Quantenvakuum nicht leer ist. Es gibt immer eine gewisse Wahrscheinlichkeit dafür, daß das Vakuum

Teilchen oder Energiequanten enthält. Daher unterscheiden sich die Energiezustände in einem Vakuum zwischen elektrisch leitenden Platten von denen in einem freien unbegrenzten Vakuum.

R: Ja, dies ist das Prinzip. Wenn wir zwei parallel leitende Platten, wie etwa die eines Kondensators, in den leeren Raum stellen, dann müssen die Quanten, die für kurze Zeit erscheinen und wieder verschwinden, die Bedingung erfüllen, daß alle elektrischen Felder auf der Oberfläche der leitenden Platten verschwinden. Sonst würden nämlich im Leiter Ströme erzeugt.

M: Dies ist genau so wie mit der Frequenz in einem Hohlraumresonator, die von der Größe und Form des Resonators abhängt. Es gibt nur ganz bestimmte Frequenzen, mit denen die elektromagnetischen Wellen zwischen den Platten schwingen können.

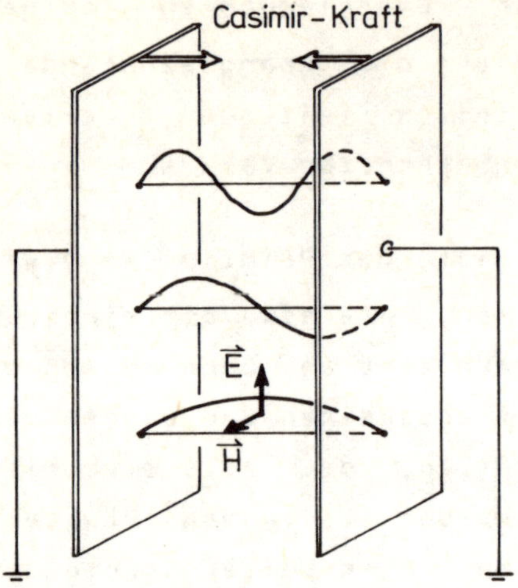

Fig. 4.9: Die Casimirkraft zwischen zwei leitenden Platten hat ihre Ursache in der Abhängigkeit der Schwingungsmoden des elektromagnetischen Feldes vom Abstand der Platten.

R: Oder man kann sich eine Saite vorstellen, auf der man verschiedene Töne anschlagen kann. Je nachdem, wie lange die Saite ist, lassen sich nur ganz bestimmte Töne anregen. Genau das gleiche passiert, wenn man im Vakuum zwei leitende Platten gegenüberstellt. Dann lassen sich virtuelle Teilchen nur mit ganz bestimmter Energie erzeugen.

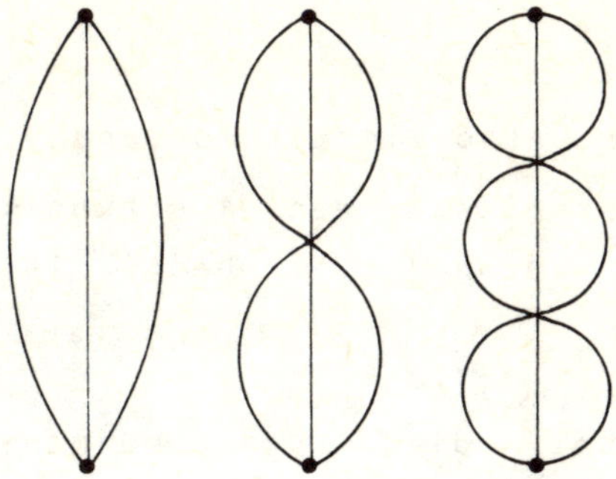

Fig. 4.10: Die Frequenz der Resonanzschwingungen einer Saite wird durch die Länge der Saite bestimmt.

M: Und diese Energie hängt vom Abstand zwischen den Platten ab. Wenn wir über alle möglichen Anregungen summieren, dann finden wir heraus, daß die Energie des Vakuums von dem Abstand zwischen den beiden leitenden Platten abhängt.

R: Aber nicht nur die Energie. Wenn wir die Platten bewegen, dann ändert sich die Energie und gleichzeitig auch das Volumen, das zwischen den Platten enthalten ist, und es wirkt eine Kraft, ein Druck, wenn man es so ausdrücken will, zwischen den Platten, der von ihrem Abstand abhängt.

M: Diese Kraft ist tatsächlich in Experimenten gemessen worden.

R: Ja. Man hat also wirklich gesehen, daß das Vakuum wie ein makroskopisches Medium wirken kann, das seine Eigenschaften verändert. Das ist genau der Casimireffekt.

M: Casimir hat dies vor beinahe 40 Jahren vorgeschlagen. In historischem Licht betracht war dies wahrscheinlich der wichtigste Schritt zum heutigen Verständnis des Vakuums seit Heisenbergs Vorschlag, die Streuung von Licht an Licht zu beobachten. Aber laß uns wieder zum Vakuum der Gluonen zurückkommen. Wir verstehen jetzt, warum das Vakuum einen Druck auf die Quarks ausüben kann, der von der Größe des Gebiets abhängt, in dem sich die Quarks aufhalten.

Vakuumstruktur und ewige Bindung der Quarks

R: Wir müssen uns klarmachen, daß der Bereich, in dem die Quarks existieren können, frei von der Vakuumstruktur ist. Wie wir gerade besprochen haben, ist die Vakuumstruktur der starken Wechselwirkung wahrscheinlich ein komplizierter Gluonenhaufen, der die Quarks abstößt. Aus den Bedingungen an der Grenze des Vakuums folgt, daß die Energiezustände virtueller Anregungen wie beim Casimireffekt verändert werden, und dadurch entsteht ein Druck auf die Oberfläche des Gebietes. Es stellt sich heraus, daß dieser Druck nach innen zeigt. Wenn wir also die Quarks aus so einem Raumgebiet entfernen würden, dann müßten sich die Gluonen in das Gebiet hineindrängen und es ausfüllen, weil sie natürlich dazu tendieren, überall zu sein. Wir erwarten also, daß das strukturierte Vakuum danach strebt, in die Region, die von den Quarks erfüllt wird, einzudrängen.

M: Gibt es experimentelle Beweise dafür, daß dieses Bild richtig ist? Es muß doch sicher einen Weg geben, um experimentell festzustellen, daß die Quarks vom Vakuum zusammengehalten werden, und daß das Vakuum nicht erlaubt, daß sich Quarks oder Gluonen frei ausbreiten.

R: Nun, diese Frage sollte man eigentlich umdrehen. Experimente zeigen, daß Quarks und Gluonen im Inneren der Elementarteilchen eingeschlossen sind. Man muß sich besser fragen, wie es denn möglich ist, daß wir kein einzelnes Quark beobachten konnten. Unsere augenblickliche Antwort ist: weil das Vakuum eine Struktur hat. Um ein Quark zu entfernen, muß diese Struktur verändert werden, und für diese Veränderung braucht man eine Menge Energie.

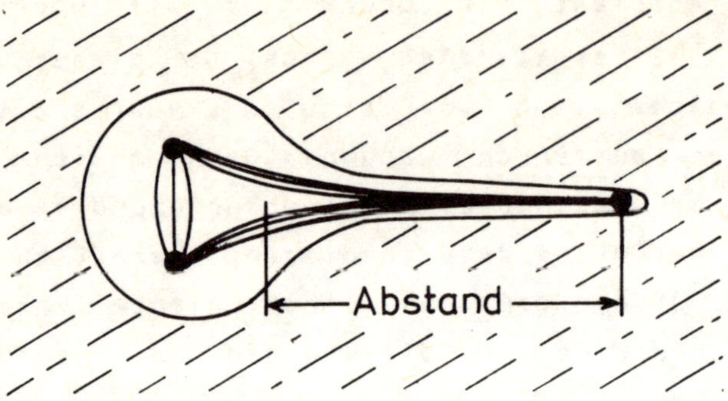

Fig. 4.11: Die Energie, die nötig ist, um ein Quark aus der Nukleonenblase herauszuziehen, wächst proportional zum Abstand. Um das Quark völlig zu entfernen, wäre also ein unendlicher Energieaufwand nötig.

Gibt es freie Quarks?

M: Wie ist das aber mit freien Quarks? In vielen Experimenten ist nach freien Quarks gesucht worden, und ich erinnere mich sogar daran, daß vor einiger Zeit jemand behauptet hat, freie Quarks gesehen zu haben.

R: So, wie wir die Dinge betrachtet haben, ist das nicht unmöglich. Alles, was dazu nötig ist, ist, daß die Reichweite der Gluonenwechselwirkung endlich ist, so wie das bei der schwachen Wechselwirkung der Fall ist, die wir in einem späteren Kapitel besprechen wollen. Das geklumpte Gluonenvakuum würde dann sogar die Existenz eines sehr großen Raumgebietes zulassen, das nur ein einzelnes Quark enthält...

M: ..weil das Feld um dieses Quark nur eine endliche Ausdehnung hätte und daher das Vakuum auch nur in einem endlichen Volumen zerstören könnte. Freie Quarks kann es also nur dann geben, wenn die Reichweite der Gluonenkräfte endlich ist. Dies ist so ähnlich wie in der Elektrodynamik. Wenn das Eins-durch-Abstandsquadrat-Gesetz der elektrischen Kraft zwischen zwei Teilchen abgeschwächt würde, hätte dies schwerwiegende Konsequenzen für die Ladung, die man innerhalb einer Kugel beobachtet. Wenn man die Kugel größer machen würde, würde die beobachtete Ladung wegen der Abschwächung reduziert werden. Dasselbe passiert, wenn wir ein einzelnes Quark hätten und die Reichweite der gluonischen Kraft verringern würden. Dann könnten wir ein freies Quark haben, weil wir nur eine endliche Menge an Energie brauchen, um die Struktur des Vakuums in einem endlichen Volumen zu zerstören. Um diese Möglichkeiten zu untersuchen, ist es sicher wichtig, daß man nach freien einzelnen Quarks sucht. Die meisten dieser Experimente halten nach einer ganz besonderen Eigenschaft der Quarks Ausschau, nämlich danach, daß ihre Ladung nicht ein Vielfaches der Elektronenladung ist.

R: Ja. Das ist wirklich eine besondere Eigenschaft, weil es die Quarks von Elektronen und Protonen unterscheidet. So sehr besonders ist es aber eigentlich doch wieder nicht, denn die Differenzen zwischen den Ladungen verschiedener Quarks sind immer ein Vielfaches der Elementarladung. Für die Theorie ist das eine sehr angenehme Sache. Es ist aber richtig, daß man versucht hat, Quarks an ihrer besonderen elektrischen Ladung zu erkennen. Und es gibt immer noch Experimente, die nach freien Quarks suchen. Aber vielleicht sollten wir besser nicht von einem freien, sondern von einem einzelnen Quark sprechen. Vielleicht sind diese Experimente eines Tages erfolgreich. Wenn sie jedoch nicht erfolgreich sind, dann ist das theoretische Bild umso schöner und auch theoretisch in sich geschlossener. Dann ähnelt nämlich die Wechselwirkung zwischen den Quarks der Wechselwirkung zwischen elektrisch geladenen Teilchen so sehr, daß man fast den Eindruck hat, es handele sich um die gleiche Art der Wechselwirkung. Man kann sich leicht vorstellen, daß diese beiden fundamentalen Wechselwirkungen dann zusammengefaßt werden können.

Das Vakuum bestimmt die Eigenschaften der Wechselwirkung

M: Das stark wechselwirkende undurchsichtige Vakuum ist also ein wunderschönes Beispiel für das Prinzip, von dem wir zu Beginn dieser Diskussion sprachen, nämlich, daß die Naturgesetze und die Gesetze der Physik durch unser Wissen über den echten Vakuumzustand vervollständigt werden müssen. Wie wir gesehen haben, hängen die Eigenschaften von Wechselwirkungen, wie z.B. der elektromagnetischen oder der gluonischen Wechselwirkung, ganz entscheidend vom Vakuumzustand ab. Und weil der Vakuumzustand der Gluonen völlig anders ist als der der elektromagnetischen Wechselwirkung, sind auch die Eigenschaften dieser Wechselwirkung ganz verschieden von der elektromagnetischen Wechselwirkung, obwohl vielleicht im Grunde beide eins und dasselbe sind.

R: Auf diese Weise wirkt sich der Vakuumzustand auf die Physik aus. Die Eigenschaften der Quantentheorie der Wechselwirkung zwischen Quarks und Gluonen, die man im allgemeinen Quantenchromodynamik nennt, hängt wirklich stark von unseren Vorstellungen der fundamentalen Struktur des gluonischen Vakuums ab.

M: Wie gut verstehen wir heute diese Struktur, Jan? Ich meine, verstehen wir wirklich die Details dieser Vakuumstruktur oder müssen die erst noch entdeckt werden?

R: Ich glaube, wir verstehen beinahe noch nichts. Wir wissen, daß die Gluonen eine Art Ladung, genannt die Farbladung, tragen, und daß wir einzelne Quarks nicht oder sehr wahrscheinlich nicht beobachten können.

Daraus schließen wir, daß das Vakuuum eine Struktur haben muß. Auf der anderen Seite ist es bisher nicht gelungen, diese Struktur zu beweisen und ausgehend von den grundlegenden Ideen die Einzelheiten des neuen Vakuumszustands zu verstehen. Das ist aber nicht so schlimm. Die Geschichte der Wissenschaft kennt viele Beispiele, wo eine solche Situation vorlag.

M: Kannst Du mir ein Beispiel nennen?

R: Ich denke da z.B. an die Theorie der Supraleitung. Die Supraleitung wurde zufälligerweise experimentell entdeckt, wie viele andere wichtige Phänomene auch, und es dauerte etwa 40 Jahre, wenn ich mich recht erinnere, um diesen besonderen physikalischen Zustand zu erklären. Die Physik, die zu diesem Verständnis führte, ist in vieler Weise ähnlich zu dem, was wir gerade im Zusammenhang mit dem stark wechselwirkenden Vakuum diskutiert haben.

M: Aber natürlich war es wichtig, daß die Supraleitung entdeckt wurde, bevor die Quantenmechanik entwickelt worden war. Wir wissen heute, daß man die Quantenmechanik braucht, um die Supraleitung zu verstehen. Es war also gar nicht möglich, die Supraleitung sofort zu verstehen.

R: So wie Du mir das sagst, Berndt, sollte ich vielleicht antworten, daß wir möglicherweise noch gar nicht die theoretischen Mittel haben, um die Struktur des gluonischen Vakuums zu verstehen. Wir erkennen, daß eine solche Struktur notwendig ist. Aber wir sind vielleicht an dem Punkt, an dem Lorentz war, als er vorschlug, daß sich bewegte Objekte kontrahieren. Erst Einstein verstand, daß die Lorentz-Kontraktion etwas mit dem viel allgemeineren Relativitätsprinzip zu tun hat. Es ist durchaus möglich, daß wir die Zutaten zu einer richtigen Beschreibung in unseren Händen halten, aber noch nicht das endgültige Verständnis haben, mit dem wir die physikalischen Phänomene des Vakuums vollständig beschreiben können.

M: Viele Wissenschaftler glauben heute, daß Computer die Lösung dieses Problems darstellen. Ich denke, sie glauben, daß wir nur einen großen Riesencomputer brauchen, und dann werden wir schon in der Lage sein, alle Eigenschaften, die das Vakuum hat, zu berechnen. Aber das würde natürlich unserem Verständnis überhaupt nicht weiterhelfen. Ich denke, wir brauchen zwar die Rechnungen, um die Ideen, die wir hier beschreiben, mit Hilfe einer numerischen Simulation zu bestätigen. Es handelt sich aber dabei nicht um ein Experiment. Es geht darum, ein numerisches Modell auszuwerten, in dem sich die Vorgänge in ähnlicher Weise wie in der Natur abspielen. Wir haben aber nichts davon, wenn wir herausfinden, daß sich bei der Lorentz-Kontraktion eines Körpers die einzelnen Atome kontrahieren.

R: Ja, das ist ein sehr wichtiger Punkt. Lorentz bemerkte, daß es zur Erklärung bestimmter Experimente genügte, anzunehmen, daß ein Stab, der sich mit endlicher Geschwindigkeit bewegt, kontrahiert ist. Diese Aussage läßt sich natürlich dadurch auf eine fundamentalere zurückführen, indem man sagt, daß der Stab aus einzelnen Atomen besteht und sich jedes Atom in der Bewegungsrichtung kontrahiert.

M: Aber dann muß man immer noch verstehen, warum ein einzelnes Atom kontrahiert ist. Als Einstein versuchte zu verstehen, wie die Elektrodynamik für einen bewegten Beobachter aussieht, stieß er auf unerwartete Ergebnisse, wie etwa die Beziehung zwischen Masse und Energie, die eine Grundlage für unsere neue Vorstellung vom Vakuum bildet.

R: Ja, das ist genau der Punkt. Wenn wir mit einer aufwendigen Rechnung zeigen können, daß sich die Kontraktion des Stabes auf die Kontraktion einzelner Atome zurückführen läßt, gewinnen wir keine neue grundlegenden Ideen. Dasselbe trifft auch auf das Vakuum zu. Wenn wir an einem numerischen Modell beweisen, daß die gluonische Wechselwirkung wirklich zu einer Vakuumstruktur führt, haben wir nicht viel gewonnen. Wir verstehen nicht, um was für eine Struktur es sich handelt, und wir kennen die Eigenschaften dieses Vakuums noch nicht. Wir wissen nur, daß es eine

Struktur gibt. Es ist zweifellos wichtig, ein quantitatives Verständnis zu erreichen, aber man sollte es nicht überbewerten. Wir können die Geheimnisse des Vakuums nicht enträtseln, wenn wir nur zeigen, daß es welche gibt.

Kapitel 5

Das geschmolzene Vakuum

Auflösung der Vakuumstruktur

R: Das Vakuum hat so viele verschiedene Strukturen. Kannst Du Dir ein Experiment vorstellen, Berndt, bei dem man die Struktur des Vakuums global verändern kann?

M: Nun, Jan, als wir die Eigenschaften des Vakuums, seine mögliche Bedeutung für die Physik und unser Verständnis der Naturgesetze besprochen haben, da haben wir auch erwähnt, daß durch Zufall eine Explosion des Vakuums in Gang gesetzt werden könnte, die dann ein katastrophales Ausmaß annähme. Aber ich vermute, daß Du im Augenblick nicht solch eine globale Änderung des Vakuums im ganzen Universum im Sinne hast, sondern vielmehr eine Änderung des Vakuums in einem Gebiet, das groß ist verglichen mit der Größe eines Elementarteilchens, aber immer noch klein im Vergleich zu makroskopischen Größen.

R: Ja, wenn ich "global" sage, dann meine ich global auf einer mikroskopischen Skala. Das Gebiet, in dem sich das Vakuum verändert, muß groß sein verglichen mit der Ausdehnung, die die typische Struktur des Vakuums hat. Mit anderen Worten: wenn man von einem Kristall spricht, dann meint man einen Festkörper, der eine ausgedehnte kristalline Struktur besitzt, und wenn man von einem Wassertropfen spricht, dann muß er so groß sein, daß die Eigenschaften der Flüssigkeit gegenüber den Eigenschaften der Oberfläche des Tropfens überwiegen. Natürlich muß man nicht alles Wasser in den Ozeanen verdampfen, um die Eigenschaften des Wassers zu verstehen. Es genügt, einen kleinen Wassertropfen zu untersuchen. Er muß aber immerhin genügend groß sein, damit man z.B. messen kann, bei welcher Temperatur Wasser zu kochen anfängt.

M: Das ist ein Experiment, über das ich sehr gerne nachdenke, weil es für uns nicht so gefährlich ist. Als wir die Struktur des stark wechselwirkenden Vakuums besprochen haben, haben wir schon festgestellt, daß das Vakuum der starken Wechselwirkung in zwei verschiedenen Formen vorkommt. Die eine ist das Vakuum, das überall existiert und wahrscheinlich aus einer komplizierten Suppe von wechselwirkenden Gluonen besteht und die Quarks einschließt, während das andere im Inneren der Elementarteilchen, etwa der Protonen, gefunden wird. Wir haben auch festgestellt, daß ein Atomkern - mit einem riesigen Vergrößerungsglas betrachtet - einer Ansammlung von Blasen im Wasser ähnelt, wobei jede einzelne Wasserblase...

R: ...wie ein Loch im Schweizerkäse aussähe (siehe Fig. 4.8).

Komprimierte Kernmaterie

M: Richtig. Der Atomkern würde einem Stück Schweizerkäse ähneln. Man könnte deswegen daran denken, den Atomkern einfach so stark zusammenzupressen, daß die "Löcher" zu überlappen beginnen und man am Ende nur noch eine einzige riesige "Blase" hätte.

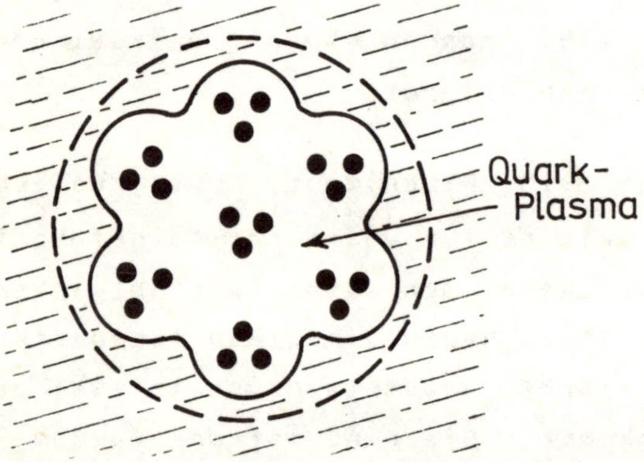

Fig. 5.1: Wenn man einen Atomkern genügend stark komprimieren könnte, würden die einzelnen Nukleonen-Blasen zu einer einzigen riesigen Blase verschmelzen, in der sich die Quarks frei bewegen können.

R: Ist denn so eine klassische Vorstellung richtig, wenn man versucht, die Eigenschaften komprimierter Atomkerne zu verstehen?

M: Nun, wahrscheinlich ist dieses Bild viel zu einfach. Aber leider verstehen wir heute noch nicht so genau, wie ein Atomkern wirklich aus Quarks und Gluonen aufgebaut ist. Wir haben gerade erst angefangen, das zu verstehen. Vielleicht ist dieses klassische Bild aber als Ausgangspunkt gar nicht so schlecht.

R: Das ist schwer zu sagen. Aber es ist wohl klar, daß der Weg zu einer Veränderung des Vakuums in einer ausgedehnten Region darin besteht, Atomkerne zu komprimieren. Du hast erwähnt, daß das andere Vakuum, was im Inneren der Protonen vorkommt, eine andere Struktur besitzt. Was für eine Struktur ist das wirklich?

M: Wir glauben, daß diese Struktur der des dielektrischen Vakuums der Elektrodynamik ähnelt, daß die Teilchen, die die starke Ladung tragen, also Quarks und Gluonen, sich fast frei in ihm bewegen können. Sie sind durch das wahre Vakuum, welches das Proton umgibt, im Proton gefangen.

R: Wenn sich die Gluonen und die Quarks darin bewegen, dann hat man wirklich so etwas wie leeren Raum, nicht wahr?

M: Ja. Das Innere dieser Blasen ist wirklich so ähnlich wie das, was wir uns unter einem leeren Raum vorstellen, in dem sich Teilchen bewegen. Aber laß mich zurück zum Experiment kommen. Einen Atomkern zu komprimieren ist sicherlich keine einfache Sache.

Wie komprimiert man Atomkerne?

R: Was für eine Presse könnte man benutzen?

M: Genau das ist die Schwierigkeit. Wir können nicht mit einem Hammer darauf schlagen, aber wir könnten z.B. zwei Kerne gegeneinander schießen.

R: Das wird doch ganz bestimmt nicht funktionieren. Du willst mir doch nicht etwa sagen, wenn ich zwei Billiardbälle nehme und sie gegeneinander schleudere, daß ich sie dann komprimiere?

M: Nein, das behaupte ich ja auch nicht. Aber denke etwa an zwei Autos. Wenn zwei Autos ineinander knallen, dann werden sie zweifellos komprimiert und bleiben in einem komprimierten Zustand.

R: Ja, aber das wäre genau das Gegenteil von dem, was du erreichen willst. Wenn du das Innere des Autos als die leere Blase und das Äußere als das strukturierte Vakuum betrachtest, dann erzeugst du nicht etwa größere Blasen, sondern du machst die Blasen kleiner, wenn du das Auto zusammendrückst.

M: Oh je, Du machst mein Leben als Experimentalphysiker wirklich schwierig. Aber laß mich ein anderes Beispiel nehmen. Denke mal an einen mit Wasser vollgesaugten Schwamm, in dem das Wasser alle leeren Löcher füllt, und drücke ihn mit deiner Hand zusammen. Das Wasser fließt aus dem Schwamm heraus, und zum Schluß bleibt nur noch zusammengedrückte Schwammaterie ohne Löcher übrig. Dasselbe geschieht, wenn Du den Schwamm mit Gewalt an die Wand wirfst. Unter der Wirkung seiner eigenen Trägheit wird er beim Aufprall an der Wand zusammengedrückt, und das Wasser fließt heraus. Für eine kurze Zeit ist der Schwamm zusammengedrückt. Natürlich würde er in diesem Zustand nicht lange bleiben. Aber wenn wir im richtigen Augenblick gucken, würden wir einen vollständig zusammengedrückten Schwamm sehen.

R: Um bei Deinem Bild zu bleiben: was wir wirklich machen wollen, ist, zwei Schwämme im Wasser gegeneinander zu werfen.

M: Ganz genau. Man kann unser Beispiel als eine Warnung betrachten, daß das Experiment nicht einfach sein wird. Aber man könnte es doch versuchen. Was meinst Du, Jan?

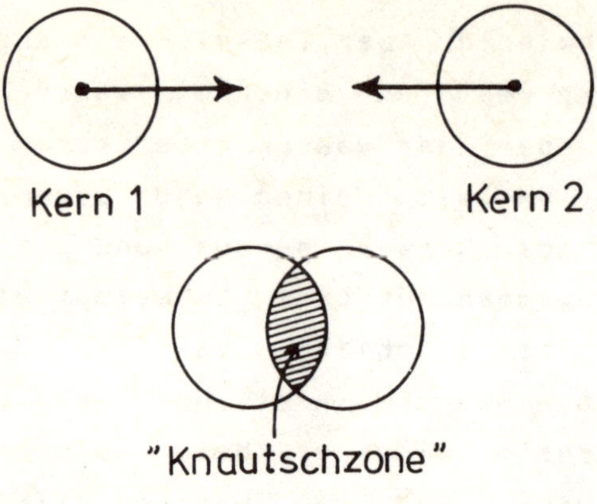

Fig. 5.2: Beim Zusammenstoß zweier auf hohe Energie beschleunigter Atomkerne kommt es zur Ausbildung einer Verdichtungszone ("Knautschzone") im Bereich des Überlappes der beiden Kerne.

Kern-Kern-Stöße

R: Ich denke, daß es nicht nur ein Versuch bleiben wird, sondern daß das Experiment wirklich gelingt. Aber die Diskussion hat, glaube ich, klargemacht, daß es kein Experiment sein wird, daß jeder in seinem eigenen Keller ausführen kann. Man braucht wohl außerordentlich leistungsfähige Beschleuniger und sehr komplizierte experimentelle Techniken dafür. Und man kann sich überlegen, daß nicht alle Kernstöße zu dieser neuen

Form des Vakuums führen werden. Es ist viel wahrscheinlicher, daß dabei auch eine Menge anderer Dinge geschehen. Aber in manchen Fällen wird diese Riesenblase voll leeren perturbativen Vakuums entstehen, nach der wir suchen wollen.

M: Glücklicherweise gibt es schon sehr leistungsfähige Beschleuniger, die bald für solche Experimente verwendet werden können. Und es ist gut, daß einige sehr mutige Physiker bereit sind, diese Experimente auch wirklich zu planen. Aber wir sollten uns jetzt überlegen, was denn dieses neue Vakuum für Eigenschaften hat, wenn man es einmal in solchen gewaltigen Kernzusammenstößen erzeugt hat. Wie würden wir seine Eigenschaften am besten beschreiben?

R: Nun, wenn wir uns etwa wieder an den Schwamm erinnern, dann wollen wir z.B. gern wissen, wieviel Schwamm pro Einheitsvolumen da ist, wenn wir ihn komprimiert haben. Dem entspricht die Dichte der Quarks und Gluonen des perturbativen Vakuums.

M: Wieviel Energie würden wir denn überhaupt brauchen, um das neue Vakuum zu erzeugen?

Schmelzwärme des Gluonenvakuums

R: Du meinst, wieviel latente Wärme man bräuchte, um von dem einen Vakuum zum anderen überzugehen, wenn wir versuchten, die Gluonenstruktur des wahren Vakuums aufzuschmelzen?

M: Ja. Können wir das irgendwie abschätzen?

R: Nun, das ist eine relativ einfache Aufgabe. Alle Größen in der Elementarteilchenphysik werden in Einheiten der Protonenmasse, einem GeV (1 Milliarde Elektronenvolt) gemessen. Und jedes Volumen wird in Einheiten eines Würfels mit der Kantenlänge eines Protonenradius gemessen. Warum sagen wir also nicht einfach, die Energiedichte entspricht der Masse eines Protons in einem Kubikfermi, oder einem GeV pro Kubikfermi. Diese Abschätzung ist auch nicht schlechter als eine, die man mit den aufwendigsten Rechnungen machen kann.

M: Natürlich wird man diese komplizierten Experimente auch durchführen, um genau herauszufinden, wie groß die latente Wärme des Vakuums wirklich ist.

R: Ja. Selbstverständlich werden nach dem Experiment alle Theoretiker sagen, daß sie schon im voraus wußten, wie groß die latente Wärme des Vakuums sein würde. Aber ich denke, daß wir heute nur sehr vage Vorstellungen über die genaue Größe haben, und wahrscheinlich ist jede Zahl, die fünf mal kleiner oder fünf mal größer als ein GeV pro Kubikfermi ist, in Veröffentlichungen genannt worden. Irgendjemand wird nachher Recht behalten. Daher wird es nach dem Experiment irgendeinen glücklichen Physiker geben, der aufstehen und behaupten kann, daß seine Vorhersage richtig war.

Schwierigkeiten bei der Voraussage der physikalischen Eigenschaften komplizierter Stoffe

M: Wir haben es also hier mit einer Situation zu tun, die ganz anders als im Experiment mit dem myonischen Helium ist, wo man eine sehr präzise Vorhersage des Effektes hatte, die später durch das Experiment bestätigt wurde.

R: Ja. Es gibt tatsächlich eine Menge Gründe dafür. Der wichtigste ist wahrscheinlich, daß wir zwar glauben, die richtige Theorie der starken Wechselwirkung zu kennen, daß wir aber unfähig sind, mit ihrer Hilfe die Eigenschaften der Kernmaterie zu berechnen. Das erinnert mich natürlich an folgendes: während das myonische Helium ein sehr einfaches System ist und wir fast alle Eigenschaften berechnen können, wäre es völlig anders, wenn ich Dich bitten würde, die Eigenschaften des Ledersofas, auf dem Du sitzt, beginnend von den Grundprinzipien der Quantenelektrodynamik, zu berechnen und mir als Ergebnis die scheinbare Farbe, die Festigkeit und die Oberflächenbeschaffenheit des Ledersofas zu nennen. Ich denke, Du würdest mit diesem Problem jahrelang beschäftigt sein, nicht wahr?

M: Ich würde unter diesen Umständen wahrscheinlich ganz darauf verzichten, auf einem Ledersofa zu sitzen. Aber ich denke, wir müssen unseren Lesern noch etwas mehr über die Eigenschaften dieses veränderten, angeregten Vakuums der starken Wechselwirkung erzählen.

Heiße Kernmaterie: Quark-Gluon-Plasma

R: Vielleicht sollten wir erst noch einmal das zusammenfassen, was wirklich geschieht. Wir nehmen zwei große Atomkerne und schießen sie mit so großer Geschwindigkeit aufeinander, daß die einzelnen Nukleonen nicht zur Seite ausweichen können, wenn die Kerne zusammenstoßen. Dabei werden dann die Atomkerne zusammengedrückt, wodurch die einzelnen Nukleonen näher als normalerweise in einem einzelnen Atomkern aneinander gebracht werden. Wenn die Nukleonen sehr nahe beisammen sind und vielleicht sogar überlappen, können wir ihr Inneres als eine einzige große Blase betrachten. Diese Blase ist gefüllt mit all den Quarks, die vorher in den einzelnen Nukleonen waren. Allerdings werden sich diese Quarks nicht mehr in dem niedrigsten Energiezustand befinden, weil das durch die Unschärferelation verboten ist.

M: Weil wenn man Materie plötzlich komprimiert, kann man nicht verhindern, daß sie dabei warm wird.

R: Ja, genau so ist das. Wir finden also in dieser großen Blase aus perturbativem Vakuum, wie wir es genannt haben, eine hohe Dichte von Quarks bei einer bestimmten endlichen Temperatur. Wir haben daher zwei verschiedene Größen, die diesen Zustand des perturbativen Vakuums beschreiben. Wir haben die Dichte der Quarks und die Temperatur.

M: Glücklicherweise weiß man sehr genau, wie man die Eigenschaften eines solchen heißen Gases aus freien Teilchen berechnen kann. Solche Systeme sind in der Physik immer wieder studiert worden.

R: Das ist schon wahr, daß dies ein ausführlich studiertes Problem ist. Allerdings haben wir es hier mit Teilchen zu tun, die eine besondere Art von Ladung tragen, die wir Farbladung nennen. Die Farbladung ist der Ursprung der starken Wechselwirkung. Diese Ladung verschwindet nicht, wenn sich die Teilchen plötzlich in einer großen Blase des perturbativen Vakuums vorfinden. Die resultierenden Wechselwirkungen sind zwar unter gewissen Umständen relativ schwach, aber sie sind keineswegs vernachlässigbar. Wir müssen also damit rechnen, daß diese spezielle Art von Gas sich eher wie eine Flüssigkeit verhält. Es könnte sogar sein, daß sie unter bestimmten Umständen die Eigenschaften eines Festkörpers annimmt, wenn sie nicht zu sehr angeregt ist. Ohne Zweifel haben wir es nicht mit einem idealen Gas zu tun.

M: Also die ganzen Ideen, die wir hier entwickeln, nämlich daß wir ein Gebiet haben, welches groß im Sinne mikroskopischer Dimensionen ist und mit Teilchen gefüllt ist, die eine hohe Temperatur haben, diese Ideen haben große Ähnlichkeit mit dem Elektron-Ion-Plasma, das sich bildet, wenn Atome bei hoher Dichte oder hoher Temperatur in Elektronen und Ionen zerfallen. Findest du nicht auch, daß das eine vernünftige Beschreibung dieses Zustands ist?

R: Ja, allerdings mit einer gewissen Einschränkung: im normalen Plasma gibt es zwei verschiedene Ladungsträger. Da sind einmal die leichten Elektronen, die negative Ladung tragen, und zum anderen die schweren Ionen, die positiv geladen sind. Ihre Zahl muß gleich sein, damit das Plasma als ganzes neutral ist. So ein Plasma wird übrigens bei den Versuchen, die Kernfusion im Laboratorium zu erzeugen, verwendet. In unserem Quark-Gluon-Plasma jedoch, das wir in den Kernstößen erzeugen wollen, haben alle Träger der Farbladung eine ähnliche Masse, möglicherweise sogar die Ruhemasse null. Darum ist dieses Plasma homogener, und seine Komponenten sind stärker miteinander gekoppelt, so daß das Gleichgewicht im Plasma leichter erreicht werden wird.

Wie kann man das Quark-Gluon-Plasma beobachten?

M: Leider gehen die Stöße zwischen Atomkernen so schnell vor sich, daß das Gebiet, in dem das Quark-Gluon-Plasma entsteht, sehr klein sein wird und nur kurze Zeit lebt. Deswegen ist es sehr schwierig, ein Thermometer hineinzuhalten. Wir müssen also sorgfältig darüber nachdenken, wie wir die Eigenschaften des geschmolzenen Vakuums beobachten können.

R: Aber muß man denn wirklich ein Thermometer in die Sonne halten, um ihre Temperatur zu messen?

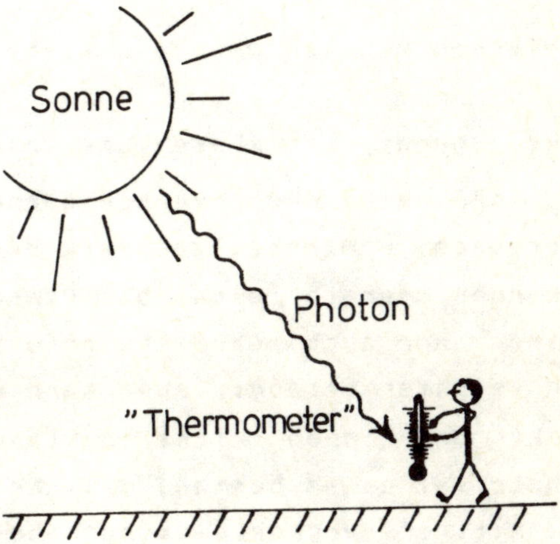

Fig. 5.3: Die Temperatur an der Oberfläche der Sonne läßt sich durch Beobachtung des von der Sonne abgestrahlten Lichts auf der Erde messen.

M: Nein. Ich kann natürlich statt dessen die Energie der Photonen messen, die von der Sonne abgestrahlt werden. Wenn ich z.B. die Wellenlänge des Sonnenlichtes auf der Erde messe, kann ich daraus die Temperatur der Sonnenoberfläche berechne. Aber wenn ich versuchen möchte, die Temperatur im Sonneninneren zu messen, dann habe ich große Schwierigkeiten, und bestimmt tauchen ähnliche Probleme auf, wenn ich versuche, die Temperatur im Inneren des Quark-Gluon-Plasmas zu bestimmen.

R: Wir müssen also nach Teilchen suchen, die das Plasmavolumen ohne große Wechselwirkung verlassen können.

M: Was für Teilchen könnten das denn sein?

R: Ich denke, Berndt, wir müssen uns erst mal darüber klar werden, daß wir über verschiedene Sorten von Teilchen sprechen. Manche wechselwirken nur sehr schwach und können deshalb leicht das Plasma verlassen, aber sie sind dann auch sehr schwierig herzustellen. Andere werden leichter erzeugt, aber dann wechselwirken sie auch stärker und können leicht im Plasma absorbiert werden. Deshalb ist es am besten, Teilchen zu beobachten, die eine mittlere Wechselwirkung haben. Einige von ihnen können während der Lebensdauer des Plasmas erzeugt werden, aus dem Plasma entweichen und unsere Detektoren erreichen.

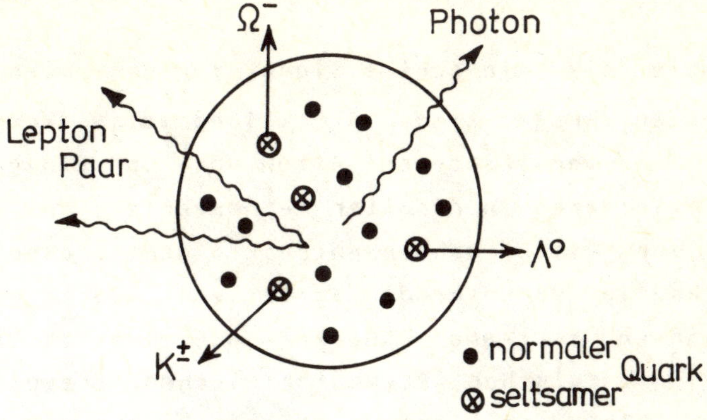

Fig. 5.4: Die Zustände im Innern des Quark-Gluon-Plasmas lassen sich mit Hilfe geeigneter Elementarteilchen studieren, die unbehindert aus dem Plasma entweichen können.

M: Was Du also meinst, Jan, ist, daß wir Teilchen brauchen, die stark, aber nicht zu stark wechselwirken.

R: Ja, und außerdem dürfen diese Teilchen erst in dem neuen Zustand des Vakuums, den wir in dem Kernstoß erzeugen, gemacht werden.

Seltsame Quarks: Signal aus dem Quark-Gluon-Plasma

M: Damit sie ein echtes Signal für den neuen Zustand der neuen Phase sind. Glücklicherweise kommen die Quarks in verschiedenen Arten vor. Und einige dieser Arten existieren in normaler Kernmaterie nicht. Man hat schon vor vielen Jahren entdeckt, daß es eine dritte, sehr häufig vorkommende Sorte von Quarks gibt, die sogenannten seltsamen Quarks, die ziemlich leicht in Stößen zwischen Elementarteilchen erzeugt werden können. Die Masse dieser seltsamen Quarks ist ungefähr so groß wie die typischen Energien der Quarks im Quark-Gluon-Plasma, so wie wir es uns vorstellen. Wenn also in diesem Plasma nochmals Quarks oder Gluonen kollidieren, dann können sie sicher seltsame Quarks erzeugen.

R: Wie viele der seltsamen Quarks erzeugt werden, hängt natürlich von der Stärke der Wechselwirkung zwischen Quarks und Gluonen ab. Wir können also die Anzahl der seltsamen Quarks im Quark-Gluon-Plasma ausrechnen.

M: Wir können auch berechnen, wie weit sich die seltsamen Quarks ohne weitere Wechselwirkung im Plasma bewegen können.

R: Ja. Allerdings glauben wir nicht, daß sie sich ohne jede Art von Wechselwirkung sehr weit bewegen können. Entscheidend ist vielmehr, daß sie nicht leicht wieder vernichtet werden. Sie werden nicht wieder verschwinden, wenn wir sie erst einmal haben. Der wichtige Punkt ist also, daß wir sie noch nachweisen können, selbst wenn das Plasma inzwischen abkühlt oder zerfällt. Natürlich nicht als einzelne Quarks, aber eingebaut in andere Elementarteilchen, wie z.B. Kaonen, Lamdas, Omegas und wie immer sie auch genannt werden.

M: Bevor wir uns nun endgültig dafür entscheiden, ob wir mit den seltsamen Teilchen die Bildung des Quark-Gluon-Plasmas gut nachweisen können, sollten wir uns noch überlegen, ob auch die typische Zeitskala für ihre Erzeugung kurz genug ist, so daß sie tatsächlich während der Lebensdauer des Plasmas entstehen können. Ich denke, daß solche Experimente doch sicher sehr teuer sein werden, und man sollte versuchen, nicht von vornherein die falschen Experimente zu machen.

R: Ja, das finde ich auch. Man kann aber sehr überzeugend zeigen, daß die charakteristische Zeitdauer für die Erzeugung seltsamer Quarks ungefähr der Zeit entspricht, die das Licht braucht, um ein Proton zu durchqueren. Das hängt damit zusammen, daß die Masse eines seltsamen Quarks ungefähr ein Fünftel der Masse eines Protons ist. Tatsächlich haben wir das in einer genauen Rechnung herausgefunden. Wir glauben also wirklich fest daran, daß viele dieser seltsamen Quarks erzeugt werden, wenn viele Nukleonen innerhalb eines Kernes zusammenstoßen. Oder, was auch für die experimentelle Beobachtung sehr wichtig ist: wenn das

Vakuum geschmolzen wird, werden sehr viele Antiteilchen, die seltsame Antiquarks enthalten, erzeugt.

M: Verstehen wir eigentlich, warum diese Teilchen, wenn sie einmal da sind, nicht wieder zerfallen, bevor sie aus dem Plasma entkommen können?

R: Ja. Normalerweise zerfallen seltsame Elementarteilchen im Laufe der Zeit durch eine natürliche Radioaktivität, die man mit der Radioaktivität der Atomkerne vergleichen kann. Es gibt jedoch auch noch andere Zerfallsarten. Es könnte z.B. sein, daß ein seltsames Quark im Plasma auf ein seltsames Antiquark trifft, und dieses seltsame Quark-Antiquark-Paar vernichtet wird. Auf diese Weise kann die Häufigkeit der seltsamen Quarks im Plasma wieder abnehmen.

M: Das wäre nichts anderes als der umgekehrte Erzeugungsprozeß.

R: Genau. Das ist die Erklärung dafür, warum wir nach Teilchen gesucht haben, die langsam produziert werden. Diese Teilchen werden dann auch langsam vernichtet, und wir stellten fest, daß es umso leichter ist, die seltsamen Quarks zu erzeugen, je heißer das Plasma ist. Wenn sich also das Plasma ausdehnt und dabei abkühlt, dann wird es umso schwieriger für die Teilchen, sich wieder zu treffen und vernichten.

M: Nur ein Gedanke beunruhigt mich ein wenig, Jan. Wir wissen, daß Quarks auch in Protonen und Neutronen vorkommen, die die Bausteine der normalen Atomkerne sind. Wenn diese Atomkerne also zusammenstoßen, und wenn wir einmal annehmen, daß sie dabei nicht in ein Quark-Gluon-Plasma umgewandelt würden, sondern Kernmaterie blieben, dann würden sicherlich auch seltsame Quarks erzeugt.

R: Ja, da hast Du recht. Der entscheidende Punkt sind aber die seltsamen Antiquarks. Normalerweise ist Antimaterie sehr schwer zu erzeugen. Im Plasma haben wir aber ganz besondere Bedingungen. Mit jedem seltsamen Quark erzeugen wir auch ein Antiquark. Wir erwarten nun, daß sich diese seltsamen Antiquarks unter günstigen Umständen zu seltsamer Antimaterie zusammenfinden, also zu reeller Antimaterie, in die seltsame Antiquarks eingebaut sind. Entscheidend ist, daß wir nicht erwarten können, daß solche Antimaterie in normalen Kernkollisionen in größerem Umfang gebildet werden kann, wenn wir keine Dissoziation in das Vakuum hatten. Diese Beobachtung führt uns natürlich sofort auf eine andere Idee, das Plasma nachzuweisen. Warum suchen wir nicht überhaupt nach einer Erhöhung der Häufigkeit von Antimaterie? Die Schwierigkeit dabei ist jedoch, daß nur seltsame Antimaterie eine gute Chance hat, die Bildung der neuen Phase und die Rückkehr in das normale Vakuum zu überleben.

M: Dabei ist es wichtig zu beachten, daß seltsame Quarks und seltsame Antiquarks vor allem von den Gluonen erzeugt werden, die in normalen Atomkernen nicht so häufig vorkommen.

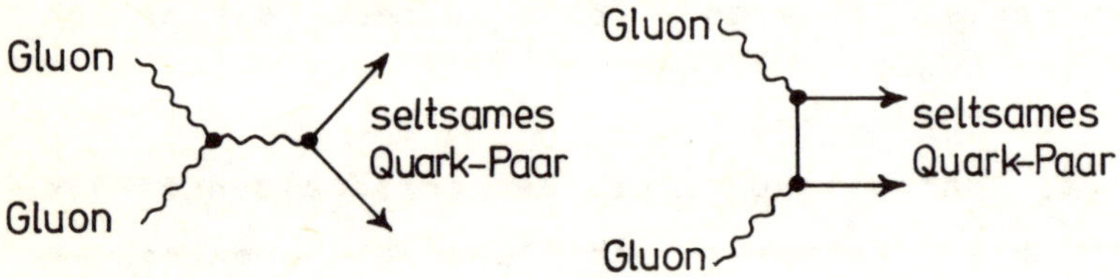

Fig. 5.5: Seltsame Quarks werden vorwiegend von den Gluonen erzeugt, die in gewöhnlicher Kernmaterie nicht vorkommen.

R: Ja. Das ist richtig. Deshalb entstehen seltsame Antiquarks im Quark-Gluon-Plasma viel häufiger als in einer Nuklearkollision, in der der Phasenübergang nicht erreicht wird. In einer genauen Untersuchung stellt sich heraus, daß dies eben an den Gluonen liegt, die im Plasma reich vorhanden sind und in normaler Kernmaterie jedoch nicht vorkommen. Im Prinzip könnte man sich sogar darauf beschränken, die Häufigkeit seltsamer Teilchen zu untersuchen, um die Existenz des Quark-Gluon-Plasmas nachzuweisen.

Erzeugung des Quark-Gluon-Plasmas durch Höhenstrahlung

M: Als wir uns darüber unterhalten haben, daß wir uns vielleicht im falschen Vakuum befinden, haben wir gesagt, daß heute keine Gefahr besteht, den Übergang zu einem anderen Vakuum anzuregen. Die kosmische Strahlung, hätte dies sonst schon längst getan. Aber ein Teil dieser kosmischen Strahlung besteht doch aus schweren Atomkernen mit sehr hoher Energie. Wird denn nicht jeden Tag durch die kosmische Strahlung das Quark-Gluon-Plasma erzeugt?

R: Ja, das ist wahrscheinlich so. Ich würde mich nicht wundern, wenn in unserer Umgebung täglich Quark-Gluon-Plasma erzeugt würde.

M: Aber warum müssen wir dann überhaupt Experimente durchführen, um nach dem Quark-Gluon-Plasma zu suchen?

R: Weil wir das Quark-Gluon-Plasma mit Hilfe unserer Detektoren nachweisen müssen, um die Eigenschaften des geschmolzenen Vakuums kennen zu lernen.

M: Du meinst, wir müssen das Quark-Gluon-Plasma unter kontrollierten Bedingungen erzeugen.

R: Ja.. Natürlich kann man irgendwo einen Detektor aufstellen. Wenn man dann lang genug wartet, wird man sicher irgendwann ein sehr schönes Quark-Gluon-Plasma-Ereignis beobachten. Aber dann muß man wieder eine sehr lange Zeit warten, bevor ein zweites solches Ereignis auftritt. Das liegt daran, daß sich die vielen kosmischen Strahlungsteilchen in ihrer Größe, in ihrer Energie und dem Winkel, mit dem sie in den Detektor einfallen, unterscheiden. Die Bedingungen sind also völlig unkontrollierbar, wenn man Experimente mit kosmischer Strahlung durchführt. Trotzdem wurden in den letzten Jahren große Anstrengungen unternommen, um genau solche Experimente zu machen. Man muß diese Experimente wirklich würdigen. Sie haben fruchtbare Ergebnisse gebracht. Man kann schon beinahe sagen, daß das Quark-Gluon-Plasma bereits entdeckt ist. Es gibt sehr seltsame Vorgänge in der kosmischen Strahlung, die man sehr leicht als Quark-Gluon-Plasma interpretieren könnte. Wegen der Schwierigkeit, Experimente mit kosmischer Strahlung auszuführen, hat man sich jedoch im allgemeinen auf einfachere Messungen beschränkt als z.B. den Nachweis der seltsamen Teilchen. Daher haben wir das charakteristische Signal für das Quark-Gluon-Plasma noch nicht entdeckt. Und sehr wahrscheinlich läßt sich der Nachweis erst mit Hilfe von Beschleunigerexperimenten führen.

Aufwand für die Experimente zum Nachweis des Quark-Gluon-Plasmas

M: Sag mal, Jan, gehören diese Experimente eigentlich zu den teuersten Experimenten, die heute in der Physik durchgeführt werden, oder sind sie relativ billig?

R: Ich denke, es ist falsch, so einfach die Kosten für die Grundlagenphysik zu nennen. Es ist grundsätzlich falsch, weil es so außerordentlich schwierig ist, die direkten und indirekten Kosten von solchen Experimenten abzuschätzen. Selbst die Ausgaben für den Kauf dieses Buches könnte man zu den Kosten, die mit einem solchen Experiment verknüpft sind, dazurechnen. Aber um jetzt Deine Frage zu beantworten: diese Experimente werden sicherlich zu den teueren gehören. Obwohl die Ausrüstung, also die Beschleuniger und einige der Detektoren, bereits vorhanden ist, werden solche Experimente bestimmt sehr aufwendig sein. Sie sind sicher vergleichbar mit den wichtigen Experimenten der Teilchen- und Hochenergiephysik.

M: Die aufwendigsten Experimente werden zweifellos diejenigen sein, bei denen man nicht nach seltsamen Teilchen schaut, sondern versucht, andere Teilchen nachzuweisen, die auch ein Signal für das Quark-Gluon-Plasma sind, z.B. elektromagnetisch wechselwirkende Teilchen wie Elektronen, Myonen oder Photonen. Diese Teilchen werden aber nicht so häufig erzeugt, und darum muß man sich mit außerordentlich kleinen Produktionswahrscheinlichkeiten begnügen.

R: Ja, das ist schon richtig. Aber diese Experimente müssen trotzdem durchgeführt werden, weil uns der Nachweis dieser Teilchen beim Verständnis des Quark-Gluon-Plasmas sehr helfen kann. Und sicher wird es auch noch andere Experimente geben, die wir nicht diskutiert haben. Wie man sich leicht denken kann, werden sich dann völlig neue Möglichkeiten für alle weiteren Untersuchungen der Eigenschaften des Vakuums ergeben, wenn erst einmal die anfängliche Phase der Untersuchungen abgeschlossen ist.

Gibt es Quark-Gluon-Plasma im Inneren von Sternen?

M: Wenn diese Experimente erst einmal ausgeführt sind und wir den Übergang zwischen normaler Kernmaterie und Quarkmaterie, der ja mit einer Änderung der Struktur des stark wechselwirkenden Vakuums verbunden ist, besser verstanden haben, dann werden wir wahrscheinlich auch die Struktur sehr dichter, kompakter Sterne, die man als Neutronensterne bezeichnet, besser verstehen können. Diesen Sterne sind in Wirklichkeit nichts anderes als riesige Atomkerne mit einem Radius von mehreren Kilometern, die im Universum recht häufig vorkommen.

R: Ja. Schon kurz nachdem die Vorstellung von den Quarks entwickelt wurde, hat man erkannt, daß das Innere dieser Neutronensterne möglicherweise aus Quarkmaterie besteht. Der Aufbau ist sehr wichtig, wenn man die Eigenschaften dieser Sterne, wie etwa ihre Masse, ihren Radius oder ihre Helligkeit, verstehen will.

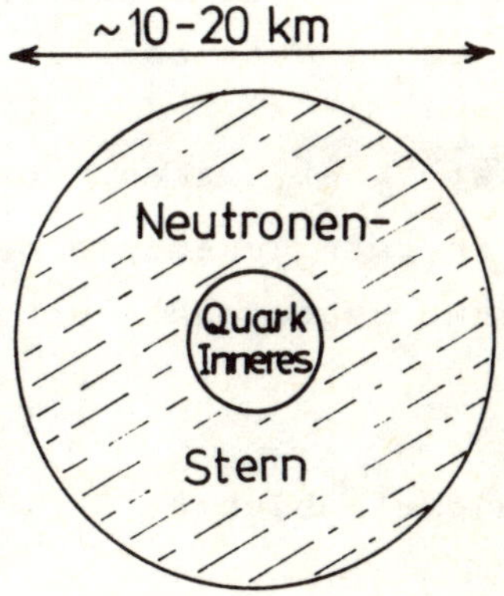

Fig. 5.6: Neutronensterne bilden das Endstadium großer Sterne, die ihren thermonuklearen Brennstoffvorrat verbrannt haben. Sie haben einen Durchmesser von 10 - 20 Kilometer und stellen eigentlich nichts anderes als einen überdimensionalen Atomkern dar. Es wird vermutet, daß sie in ihrem Innern einen Kern aus Quarkmaterie enthalten.

M: Aber diese Art der Quarkmaterie unterscheidet sich doch sicher wesentlich von derjenigen, die man in Stößen von Atomkernen erzeugen kann, weil die Neutronensterne vergleichsweise kalt sind.

R: Da bin ich nicht so sicher. Ich habe über diese Frage viel nachgedacht. Zwar glaubt man heute, daß es in einem Neutronenstern keine weitere Energiequelle mehr gibt, wenn er erst einmal nuklear ausgebrannt ist und sich nach dem Gravitationskollaps de facto in einen großen Atomkern verwandelt hat...

M: ...Du denkst wohl daran, daß möglicherweise die Energie, die in der Ruhemasse des Atomkernes steckt, doch noch in Wärme umgewandelt werden könnte.

Unverstandene Himmelsobjekte

R: Ja genau. Wir wollen das im nächsten Kapitel ausführlicher diskutieren. Aber ganz grob gesagt, warum sollte die Energie, die in der Ruhemasse der Atome und Atomkerne steckt, nicht nutzbar sein, indem sie z.B. in den dichten Zentren der Neutronensterne in Strahlung umgewandelt wird. Das könnte doch durchaus geschehen. Jecenfalls können wir diese Möglichkeit nicht ausschließen. Es gibt außerordentlich seltsame und unverstandene Objekte am Himmel, die man als Quasare bezeichnet, und im Zentrum der Milchstraße gibt es ebenfalls vieles, was man noch nicht versteht.

M: Viele Leute meinen, daß schwarze Löcher für diese seltsamen Objekte am Himmel verantwortlich sein könnten.

R: Schwarze Löcher sind ein ganz anderes Thema, über das ich mich jetzt nicht unterhalten möchte. Wir werden später darauf zurückkommen. Aber es gibt wirklich Energiequellen im Universum, die sich nicht durch Kernspaltung oder Kernfusion erklären lassen. Diese Energiequellen könnten mit der Verbrennung der Restmasse der Materie verknüpft sein, oder auch, wie Du angedeutet hast, könnte die Energie aus einem Gravitationszusammenbruch gewonnen werden, wer weiß denn das heute?

Materieverbrennung im Quark-Gluon-Plasma?

M: Aber Du willst damit doch nicht etwa sagen, daß die Erzeugung des Quark-Gluon-Plasmas in hochenergetischen Kernstößen möglicherweise zu einer sehr ergiebigen Energiequelle werden könnte?

R: Ich würde das keineswegs ausschließen. Solche Anwendungen kommen oft völlig überraschend. Heute glauben wir mit Sicherheit, daß die Materie erst nach der Entstehung des Universums erzeugt worden ist. Deswegen läßt sich möglicherweise auch umgekehrt ein Weg finden, die Materie wieder zu vernichten, sie also in Strahlung und Energie umzuwandeln.

M: Viele Physiker spekulieren heute über Möglichkeiten, das wirklich zu tun.

R: Das ist genau mein Punkt. Wann sich diese Gelegenheit ergibt, wissen wir natürlich nicht. Wir haben nur sehr vage Vorstellungen davon. Wenn man optimistisch ist, dann kann man behaupten, daß die Lösung zu diesem Problem zum Greifen nahe ist, und daß das Quark-Gluon-Plasma sie liefern wird. Ich würde nicht mehr als eins zu hundert darauf wetten, aber ich wäre bereit, eine Mark auf den Tisch zu legen, wenn Du bereit bist, hundert Mark dagegen zu wetten.

M: Ohne mich!

Kapitel 6

Das vereinigte Vakuum
oder
Brennen der Materie

Zerstrahlung der Materie: die größte Energiequelle?

M: Du hast vorhin gesagt, Jan, daß es im Prinzip denkbar wäre, die Energie, die in der Kernmaterie, also in den Protonen und Neutronen, vorhanden ist, in nützliche Energie umzuwandeln.

R: Das ist der Traum jedes Science-Fiction-Autors, und ich denke, wahrscheinlich auch vieler Leser dieses Buches. Wenn wir einen Weg wüßten, wie man Materie in Strahlung und Energie umwandeln kann, könnten wir zu den Sternen reisen. Ja, ich glaube, daß dies möglich ist. Und zwar deshalb, weil wir Materie im Universum haben, während Antimaterie noch nie gesehen worden ist.

M: Ja, obwohl man sehr sorgfältig danach gesucht hat, hat man die Vernichtung von Materie und Antimaterie im Universum nie beobachtet.

R: Für unsere Frage bedeutet das, daß irgendwann in der Geschichte des Universums Materie ohne Antimaterie erzeugt worden ist.

M: Oder daß Materie und Antimaterie ursprünglich gleich häufig vorkamen, aber auf irgendeine Weise Antimaterie vernichtet oder in Materie umgewandelt wurde. Wir wissen, daß im Universum viel mehr Strahlung als Materie vorkommt. Und wir wissen auch, daß im frühen Universum ein großer Bruchteil dieser Strahlung in Form gleicher Mengen Materie und Antimaterie vorgekommen sein muß. Die wahre Asymmetrie zwischen Materie und Antimaterie ist deshalb sehr wahrscheinlich gar nicht so groß, wie es erscheint, jedenfalls nicht in bezug auf den Mechanismus, der diesem Ungleichgewicht zugrundeliegt.

R: Zweifellos. Auf jeden Fall gibt es aber das Ungleichgewicht zwischen Materie und Antimaterie, das sich im Laufe der Zeit entwickelt hat. Wenn es uns nun gelänge, die Kontrolle darüber zu gewinnen, wie sich ein solches Ungleichgewicht entwickelt, könnten wir Materie in Strahlung verwandeln.

M: Im gewissen Sinne würden wir dann die Entwicklung des Universums zurückdrehen, vielleicht nicht im gesamten Universum, aber in einem Reaktor auf der Erde.

R: Genau das ist das Prinzip, an das ich denke. Da das Universum so asymmetrisch ist, muß es einen Weg geben, um Materie in Energie umzuwandeln, da unsere Materie irgendwann einmal die Energiequelle war.

Kann das Proton zerfallen?

M: Im Moment können wir die Energie, die in der Ruhemasse des Protons und des Neutrons steckt, nicht nutzbar machen, weil das Proton ein stabiles Teilchen ist. Es zerfällt nicht und setzt daher auch seine Energie nicht frei. Wir wissen, daß ein Proton im Mittel viel länger lebt, als das Universum alt ist. Obwohl dies heute experimentell sehr gut bewiesen ist, wissen wir nur, daß das in unserem augenblicklichen Vakuum richtig ist, das sich im Laufe der Ausdehnung und Abkühlung des Universums so ausgebildet hat. Es könnte aber sehr wohl möglich sein, daß das Proton in einem anderen Vakuum instabil wäre.

R: Das hat zur Voraussetzung, daß das sogenannte perturbative Vakuum, in dem sich die Quarks aufhalten, möglicherweise in verschiedenen Formen vorkommt.

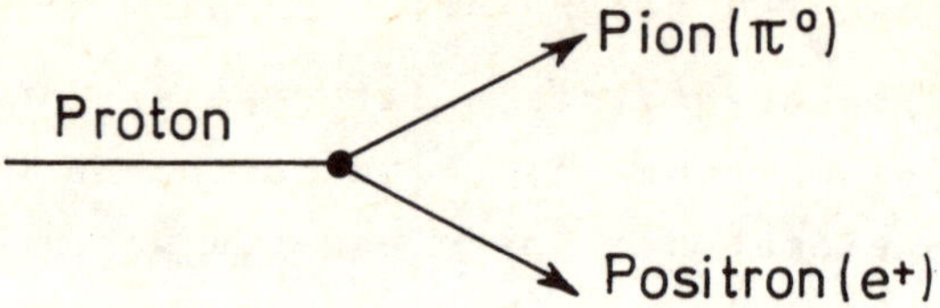

Fig. 6.1: Ein möglicher Zerfallsprozeß des Protons. Obwohl in jüngster Zeit mit großem Aufwand nach solchen Zerfällen gesucht wurde, hat man kein Zerfallsereignis gefunden. Daraus kann man schließen, daß ein Proton unter normalen Umständen im Mittel länger als 10^{31} Jahre stabil bleibt (vergleiche: das Alter des Univerums beträgt etwa 13×10^{9} Jahre).

M: Ja, das hängt vielleicht damit zusammen, daß es noch andere Wechselwirkungen gibt. Wir sind nicht sicher, ob wir alle Wechselwirkungen kennen, die es in der Natur gibt. Es könnte ja noch andere Wechselwirkungen geben, von denen wir nichts wissen, weil sie vom jetzigen Vakuum abgeschirmt werden.

R: Laß mich darüber nachdenken, was das bedeutet. Damit das Proton zerfallen kann, müssen die Quarks, die das Proton aufbauen, entfernt oder vernichtet werden. Wenn diese Quarks nicht da wären, würden wir die Energie, d.h. die latente Wärme, die in dem kleinen Bereich des geschmolzenen Vakuums im Inneren des Protons vorhanden ist, gewinnen. Aber um diese Energie freizusetzen, müssen wir die drei Quarks im Inneren des Protons los werden. Diese Quarks müssen also zerfallen. Was wissen wir überhaupt über den Zerfall bzw. Umwandlung der Quarks?

M: Nun, das haben wir ja vorhin schon kurz diskutiert, als wir uns überlegt haben, wie wir das Quark-Gluon-Plasma beobachten können. Wir kennen mehrere Sorten von Quarks, die zerfallen können, wie z.B. seltsame Quarks. Beim Zerfall wandeln sie sich in andere Quarks um und geben auf diese Weise einen Teil ihrer Masse in Form von Elektronen, Myonen oder Neutrinos ab.

Eine unverstandene Symmetrie der Elementarteilchen

R: Es gibt also tatsächlich einen Zusammenhang zwischen Quarks und Elektronen?

M: Ja, es gibt wirklich einen sehr engen Zusammenhang. Wir glauben nämlich heute, daß Quarks und Elektronen immer paarweise vorkommen. Für jede Art von Quarks gibt es auch eine Art von Teilchen, die mit dem Elektron verwandt ist.

R: Verstehen wir schon, warum das so ist?

M: Eigentlich nicht, obwohl es eine ganze Menge Argumente gibt, warum es sehr schön wäre, wenn dieser Zusammenhang existierte. Aber soviel ich weiß, kennt man heute keinen tieferen Grund dafür.

$$\begin{pmatrix} \nu_e \\ e^- \end{pmatrix} \begin{pmatrix} \nu_\mu \\ \mu^- \end{pmatrix} \begin{pmatrix} \nu_\tau \\ \tau^- \end{pmatrix} \ldots$$

$$\begin{pmatrix} u \\ d \end{pmatrix} \begin{pmatrix} c \\ s \end{pmatrix} \begin{pmatrix} t \\ b \end{pmatrix} \ldots$$

Fig. 6.2: Die bekannten Arten von Quarks lassen sich paarweise in Gruppen ("Familien") einteilen. Jeder Familie von Quarks entspricht eine Familie von Leptonen, d.h. Teilchen, die mit dem Elektron verwandt sind.

R: Kann es denn nicht auch einfach ein Zufall sein? Wie groß ist die Wahrscheinlichkeit, daß diese Beobachtung eine tiefere Bedeutung hat?

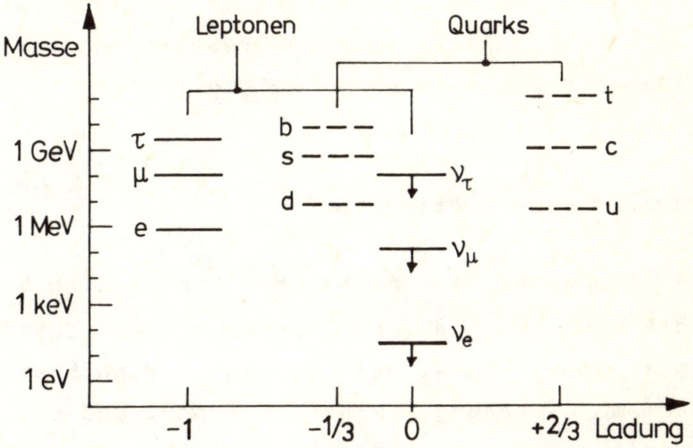

Fig. 6.3: Quarks und Leptonen lassen sich so ordnen, daß sie sich jeweils um eine Ladungseinheit unterscheiden, wie hier horizontal gezeigt wird. Vertikal ist ihre (zum Teil geschätzte) Masse gezeigt - jeder Strich auf der Skala bedeutet eine Größenordnung.

M: Es ist eigentlich ziemlich unwahrscheinlich, daß dies nur eine zufällige Übereinstimmung ist. Nimm z.B. die Ladungen der Quarks und Elektronen. Wir wissen, daß die Ladung der Quarks + 2/3 oder - 1/3 der

Elementarladung sein kann. Sie unterscheiden sich also genau um die Ladung eines Elektrons voneinander. Und die Ladungen der Leptonen, d.h. der Elektronen und der neutralen Neutrinos, unterscheiden sich auch genau um eine Elementarladung. Es wäre doch sehr überraschend, wenn der Unterschied in den Ladungen für Quarks und Elektronen nur zufällig genau so groß wäre.

Haben Quarks eine Substruktur?

R: Ich glaube, Du hast recht. Man könnte sich vorstellen, daß Quarks und Leptonen aus einer Substruktur aufgebaut sind. Wenn das so ist, dann besteht ein tieferer Zusammenhang zwischen ihnen, und das könnte etwas mit der Asymmetrie zwischen Materie und Antimaterie in unserem Universum zu tun haben.

M: Wenn wir beginnen, die Substruktur der Quarks und Leptonen zu erforschen, werden wir möglicherweise auch verstehen, wie es möglich ist, die Quarks in Leptonen umzuwandeln.

R: Du meinst, ein Quark könnte sich an einem Elektron vernichten, so wie ein Elektron sich an einem Positron vernichten kann?

M: Im Prinzip ja.

R: Das wäre natürlich sehr interessant. Es bedeutet nämlich, daß ein Atom in Photonen zerstrahlen kann.

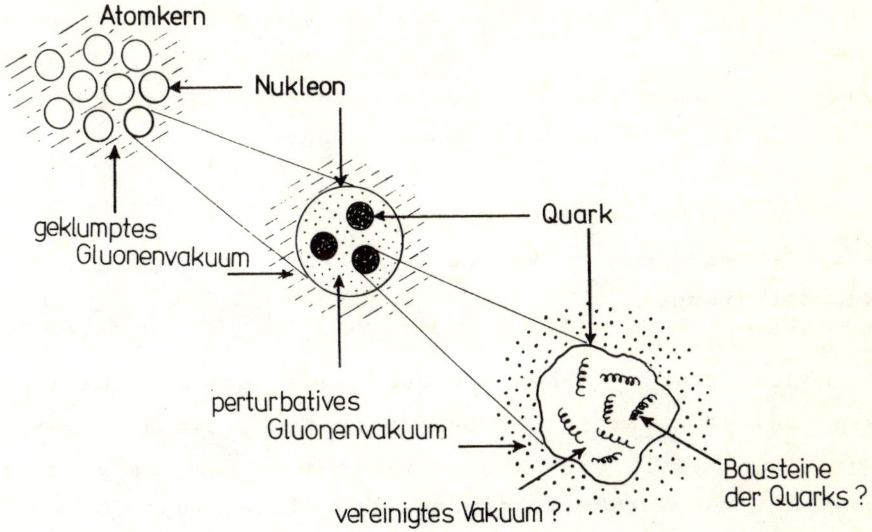

Fig. 6.4: Man vermutet heute, daß auch die Quarks eine innere Struktur haben, die vom Vakuum der vereinigten Wechselwirkungen bestimmt wird. Das Prinzip des Aufbaus der Nukleonen aus Quarks würde sich dann auf einer tieferen Stufe wiederholen.

M: Aber so etwas ist noch nie beobachtet worden. Trotzdem könnte es auch in unserem jetzigen Vakuum mit einer ganz geringen Wahrscheinlichkeit geschehen. Wenn nämlich Quarks und Elektronen aus fundamentaleren Teilchen aufgebaut sind, dann muß es auch eine Wechselwirkung geben, die diese Bausteine verbindet bzw. ineinander umwandelt.Doch konnte es aber sein, daß die Struktur unseres Vakuums diesen Prozeß auch vollständig verbietet, und daß dies erst in einem anderen Vakuum möglich wird. In diesem Falle wären Protonen zum heutigen Zeitpunkt stabil.

Das vereinigte Vakuum aller mikroskopischen Wechselwirkung

R: Möglicherweise haben wir dann genau das gleiche Bild wie bei der Struktur der Protonen, die aus Quarks aufgebaut ist, daß nämlich im Inneren der Quarks eine neue Art von Vakuum zu finden ist (siehe Figur 6.4).

M: Genau. Es könnte sehr ähnlich sein. Genauso gut könnte es natürlich auch ganz anders sein. Wir wissen einfach nichts darüber. Aber in jedem Falle, egal, was es für Wechselwirkungen sind, ein oder mehrere verschiedene Vakuumzustände müssen dazu gehören, denn es gibt überhaupt keinen Grund anzunehmen, warum da nur ein einziger Vakuumzustand sein sollte. Wenn es mehrere verschiedene Vakuumzustände gibt, dann wird die Wechselwirkung je nach der Struktur des einzelnen Vakuumzustands verschiedene Eigenschaften haben.

R: Ja. Möglicherweise sollten wir die Atome noch einmal ganz genau untersuchen. Vielleicht finden wir ein Atom, das plötzlich von selbst zerstrahlt. Ich denke dabei nicht an ein Wasserstoffatom, sondern eher an myonische Atome, von denen wir bereits gesprochen haben. In ihnen sind sich die Quarks und die Leptonen, also die Myonen in diesem Fall, sehr nahe. Wenn sie aber sehr nahe beisammen sind, warum sollten sie sich nicht gegenseitig vernichten können? Dies wäre dann genau der Prozeß der Umwandlung von Materie in Strahlungsenergie, den wir suchen.

M: Jan, das ist zwar alles ziemlich unwahrscheinlich, aber doch keineswegs völlig ausgeschlossen. Trotzdem glaube ich nicht, daß myonische Atome der richtige Platz für die Suche sind. Ich glaube eher, daß wir bei wesentlich höheren Energien als heute nach solchen neuen Prozessen forschen müssen. Da wir aber dafür noch keine Beschleuniger haben, müssen wir uns überlegen, ob es nicht in der Natur Teilchen gibt, die das vereinigte Vakuum im relativ großen Bereich immer mit sich tragen und deshalb die verschiedenen Reaktionen stimulieren können.

R: Du sprichst von einer Art Katalysator.

Magnetische Monopole: Katalysatoren des Protonzerfalls?

M: Genau. Ich meine wirklich einen Katalysator für den Zerfall des Protons. In jüngster Zeit hält man es für möglich, daß Monopole ein solcher Katalysator sein könnten.

R: Du sprichst natürlich von magnetischen Monopolen. Sag mir, sind diese magnetischen Monopole der Ursprung aller permanenten Magnete auf der Erde?

M: Nein. Wie wir wissen, sind alle irdischen Magnete Dipole, die aus einem Nord- und einem Südpol bestehen. Es ist nicht möglich, Nord- und Südpol voneinander zu trennen. Kurz nachdem Dirac das Positron erfunden hatte, hat er sich überlegt, ob möglicherweise magnetische Ladungen, also magnetische Pole, auch allein vorkommen können. Diese Teilchen müßten sehr ungewöhnliche Eigenschaften haben. Wenn es im Universum nur einen einzigen magnetischen Monopol gäbe, dann hätte man einen Grund, warum die elektrische Ladung immer nur in Einheiten der elektrischen Elementarladung vorkommt.

R: Ja, jetzt erinnere ich mich daran. Das ist ein sehr schöner Beweis. Er beruht darauf, daß Dirac zeigen konnte, daß das Produkt einer elektrischen und einer magnetischen Ladung immer einen ganz bestimmten Wert ergeben muß, damit die physikalischen Gesetze eindeutig sind.

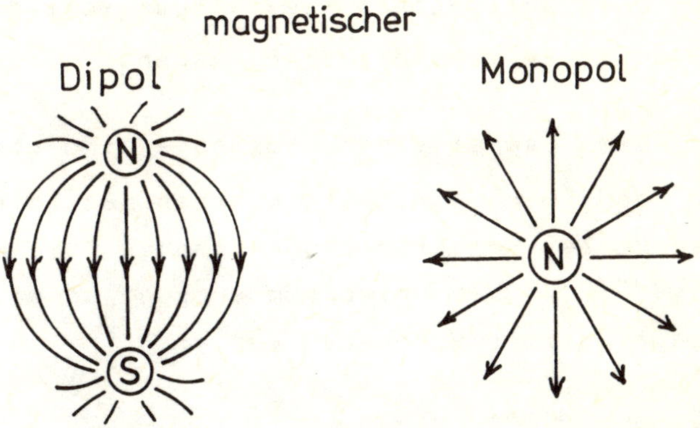

Fig. 6.5: Alle irdischen Magnete haben die Form von Dipolen, bei denen sich Nord- und Südpol nicht trennen lassen. Ein magnetischer Monopol ist bisher nicht gefunden worden, seine Eigenschaften wären jedoch äußerst interessant. Die magnetischen Monopole führen vermutlich einen größeren Bereich des Vakuums der vereinigten Wechselwirkung mit sich.

M: In den letzten Jahren haben wir auch erkannt, daß Monopole keineswegs immer punktförmig sein müssen. Sie können eine neue innere Ladung tragen, und so einen Teil des neuen Vakuums mit sich herumführen, welches möglicherweise zu der Wechselwirkung gehört, die Quarks und Leptonen verknüpft.

R: Sie würden sozusagen dieses Vakuum seit den frühsten Zeiten des Universums mit sich tragen.

M: Ja. Die magnetischen Monopole sind vermutlich so schwer, daß wir sie mit unseren Beschleunigern in absehbarer Zeit nicht erzeugen können. Sie können also höchstens im frühen Universum erzeugt worden sein, als eine Menge Energie vorhanden war.

Suche nach magnetischen Monopolen

R: Aber die Schwierigkeit ist natürlich, daß das Universum heute sehr groß ist. Wenn es nur wenige Monopole gibt, können wir sehr lange warten, bis wir einen zufällig finden. Was mich jedoch viel mehr beunruhigt, ist, daß Du sagst, sie wären sehr schwer. Denn wenn sie sehr schwer sind und stark wechselwirken, dann halten sie sich wahrscheinlich im Zentrum von Sternen oder Galaxien auf.

M: Oder im Mittelpunkt der Erde.

R: Ja, das ist richtig. Einfach durch die Schwerkraft würden sie durch die Oberfläche der Erde hindurch bis zum Mittelpunkt fallen. Genau das habe ich zuvor gemeint, als ich sagte, daß es möglicherweise in den Zentren der Galaxien eine neue Energiequelle gibt. Es könnte durchaus sein, daß diese magnetischen Monopole im Kern von Neutronensternen und anderen Sternen vorhanden sind, und immer, wenn sie auf ein Quark treffen, werden sie dieses Teilchen zerfallen lassen.

Fig. 6.6: Ein magnetischer Monopol würde den Zerfall von Protonen stark beschleunigen, also wie ein Katalysator wirken.

Energiegewinnung mit magnetischen Monopolen?

M: Es wäre wohl nicht wirklich ein Zerfall, sondern mehr eine Art Reaktionsprozeß, in dem das Quark in Elektronen umgewandelt wird.

R: Also eine Reaktion, die einer Kernreaktion wie Kernfusion, oder vielleicht besser Kernspaltung, ähnelt.

M: Absolut. Da wir wissen, daß in Kernreaktionen Energie freigesetzt wird, erwarten wir, daß auch in einer Reaktion, die mit der Umwandlung von Quarks in Leptonen verbunden ist, Energie frei wird.

R: Wenn wir so fest daran glauben, daß Quarks im Prinzip in Leptonen umgewandelt werden können, dann muß die freiwerdende Energie gerade gleich der Differenz zwischen den Massen dieser Teilchen sein, natürlich einschließlich des Feldes, das diese Teilchen mit sich tragen.

M: Ja, natürlich. Wir können die freiwerdende Energie aus Erhaltungsprinzipien berechnen. Wir sollten aber dabei auch daran denken, daß wir im Moment überhaupt nicht verstehen, woher die Massen aller Teilchen wirklich kommen.

R: Du meinst also, daß wir keine sichere Theorie haben, um diese Reaktionen in dem neuen Vakuum der Quarks und Leptonen, in welchem Quarks und Leptonen im Prinzip ein und dasselbe sind, zu berechnen.

M: Ja, wir haben leider keine bestätigte Theorie. Es sind aber eine Reihe von Modellen vorgeschlagen worden, mit denen man Wirkungsquerschnitte für diese Prozesse berechnen kann. Im Augenblick wissen wir jedoch noch nicht, ob diese Theorien richtig oder falsch sind.

R: Um herauszufinden, welche Theorie richtig ist, müssen wir offenbar den Prozeß finden, der unsere Raumschiffe zu den Sternen fahren lassen könnte.

M: Wir wollen deshalb nach dem Protonenzerfall suchen, oder magnetische Monopole finden!

R: Aber weißt Du, wenn wir einfach ein Stück Materie anschauen und darauf warten, daß ein Proton zerfällt, oder ob ein Monopol die Materie durchquert, dann ist das eine sehr unsichere Sache. Wenn man solche Experimente ausführt, dann kann man eine Menge Zeit und Geld verschwenden. Und auf einen Monopol zu warten, der auf der Erdoberfläche ankommt, hat nicht viel Sinn. Vielleicht sollten wir lieber die Erde verlassen und in der Nähe der Sonne nach Monopolen suchen, denn dorthin wird ja wohl der magnetische Monopol gezogen, wenn er in das Sonnensystem eindringt. Oder vielleicht sollten wir im Zentrum der Erde danach suchen. Experimente, die sich alleine auf das Glück verlassen, können leicht ergebnislos bleiben. Wir sollten lieber vorher mehr über die mögliche Struktur des Vakuums der Quarks und Leptonen nachdenken.

Suche nach der Substruktur von Quarks und Leptonen

M: Was ihre Wechselwirkungen anbetrifft, unterscheiden wir drei verschiedene Arten von Quarks, drei "Farben", wie man sagt, während die Leptonen jeweils als Dubletts auftreten, wie etwa Elektron und Neutrino. Quarks und Leptonen kommen also regelmäßig in Gruppen zu fünf Teilchen vor, was ein Hinweis auf die grundlegende Theorie ihrer Struktur und ihrer Wechselwirkungen sein könnte.

R: Du sprichst hier eine tiefe, aber verborgene Verwandtschaft zwischen Quarks und Leptonen an, über die wir im Augenblick noch nicht viel wissen.

M: Ja. Wie wir sehen, gibt es eine Reihe überraschender und wenig verstandener Symmetrien, die Quarks und Leptonen verbinden. Man muß einfach eine fundamentale Theorie formulieren, die diese Beziehungen erklärt, und dann versuchen, auf dieser Grundlage neue Phänomene vorherzusagen, die sich experimentell überprüfen lassen.

R: Ja. Laß mich über solche Experimente nachdenken. In naher Zukunft wird es eine organisierte Suche nach neuen Wechselwirkungen geben. Vor allem denke ich dabei an den neuen deutschen Beschleuniger, das HERA-Projekt in Hamburg, das Ende dieses Jahrzehnts fertiggestellt sein soll. Eines seiner wichtigsten Ziele ist, Elektronen an Quarks zu streuen.

M: Bei viel höheren Energien, als wir sie heute zur Verfügung haben.

R: Ja, bei viel höheren Energien. Man beabsichtigt, schnelle Protonen und Elektronen aneinander zu streuen. Für jede Teilchensorte gibt es dabei einen eigenen Beschleuniger. An bestimmten Stellen kreuzen sich die Teilchenstrahlen, und die Protonen und Elektronen stoßen dann dort zusammen. Die Protonen dienen dabei als Träger für die Quarks, an denen die Elektronen mit hoher Energie streuen sollen. Vielleicht werden wir bei diesen Experimenten etwas über mögliche neue Strukturen lernen, die die Umwandlung von Materie in Strahlung erlauben.

M: Ja, es kann durchaus möglich sein, daß wir dabei mehr über die Wechselwirkungen erfahren, die für das Auftreten von Quarks und Leptonen in Gruppen verantwortlich sind, und die auch ihre Massenverhältnisse festlegen. Im Prinzip sollte es eine Theorie geben, die diese Massenverhältnisse vorhersagt, da sie ja vermutlich eine Eigenschaft des Vakuums sind. Wir hoffen sehr, daß uns diese Experimente etwas über das Vakuum der Quarks und Leptonen sagen werden.

Fig. 6.7: Luftaufnahme des DESY-Beschleunigerkomplexes in Hamburg, wo ab 1990 Elektronen und Protonen mit höchster Energie in dem im Bau befindlichen Beschleunigeranlage HERA aufeinandergeschossen. Dabei hofft man, etwas über das "vereinigte" Vakuum im Innern der Quarks und Leptonen zu lernen.

(Luftamt Hamburg, Nr. 262/81)

R: Das wäre wirklich ein großer Schritt vorwärts. Wir befinden uns also auf dem Weg zur Entdeckung eines dritten fundamentalen Vakuums. Zunächst hatten wir das polarisierbare Vakuum der Quantenelektrodynamik, dann haben wir das undurchsichtige Vakuum der starken Wechselwirkung kennengelernt, und nun sprechen wir über das Vakuum, aus dem Quarks und Leptonen hervorkommen. Während sich überkritische elektrische Felder in nichtrelativistischen Stößen schwerer Kerne erzeugen lassen, wird die geplante Untersuchung des Vakuums der starken Wechselwirkung mit Atomkernen durchgeführt, die auf relativistische Energien beschleunigt sind. Wir sehen nun, daß der dritte Abschnitt in der Entdeckung der inneren Struktur des Vakuums möglicherweise mit Stößen zwischen Quarks und Leptonen bei extrem hohen Energien kommen wird.

M: Ja, aber wir wissen heute noch nicht, wie hoch die Energie sein muß, damit wir die dritte Art von Vakuum finden. In wenigen Jahren werden wir Energien von mehreren hundert Protonenmassen in der Quark-Lepton-Streuung zur Verfügung haben. Damit lassen sich Strukturen auflösen, die eine Ausdehnung von einem tausendstel Protonenradius haben. Vielleicht ist dort eine Struktur sichtbar, aber vielleicht reicht diese Energie auch immer noch nicht aus.

R: Dann wird dieses Forschungsprogramm wahrscheinlich am CERN Labor in Genf weitergeführt. Dort wird es Mitte der neunziger Jahre vielleicht möglich sein, Quarks und Leptonen bei noch höheren Energien aneinander zu streuen. Wir hoffen, daß eine Vakuumstruktur von der Ausdehnung eines tausendstel Fermi existiert, die wir dann sehen können. Vielleicht werden wir aus diesen Experimenten sogar lernen, wie man Materie in Strahlung umwandeln kann.

Strukturen in unserer Welt

M: Es ist immer sehr schwierig, genau vorherzusagen, welche Größe eine neue Struktur hat. Betrachte etwa ein Atom. Das Verhältnis zwischen der Größe des schweren Atomkerns und der Größe des Atomes selbst beträgt ungefähr eins zu zehntausend.

R: Ja, es wäre eine Enttäuschung, wenn das Größenverhältnis wieder so groß wäre, denn dann könnten wir das Rätsel der Quarks und Leptonen mit den abseh-baren Experimenten dieses Jahrhunderts nicht lösen.

M: Wenn wir aber bedenken, daß die Experimentalphysik in der Vergangenheit bei der Auflösung von Strukturen um etwa eine Größenordnung pro Jahrzehnt vorangekommen ist, dann kann die Lösung des Rätsels in doch nicht allzuferner Zukunft gelingen.

R: Ich hoffe wirklich, daß wir beide das noch erleben. Aber ich bin natürlich nicht damit zufrieden, nur mit dieser Hoffnung zu leben. Ich frage mich, ob wir nicht auch eine Theorie entwickeln können, die uns einige dieser Fragen beantworten kann.

M: Wenn wir unsere Ansprüche vorerst nicht so hoch schrauben, eine vereinigte Theorie von Quarks und Leptonen haben zu wollen, sondern erst mal mit einer Theorie der Leptonen zufrieden sind, dann gibt es bereits ein erfolgreiches Modell. Ich meine das sogenannte "Standardmodell", das die Vereinigung der elektromagnetischen und schwachen Wechselwirkungen beschreibt.

R: Dann sollten wir uns jetzt über dieses Modell unterhalten, um uns eine Vorstellung zu machen, wie man weiter vorgehen könnte.

Kapitel 7

Das schwache Vakuum

R: Berndt, ich würde jetzt gern mal darüber diskutieren, wie man ein Spielzeugmodell der Vakuumstruktur bauen müßte, an dem man auf einfache Weise zeigen kann, daß sich verschiedene Eigenschaften physikalischer Gesetze aus verschiedenen Vakuumzuständen ergeben können.

Die Trägerteilchen der schwachen Wechselwirkung

M: Die schwachen und elektromagnetischen Wechselwirkungen sind dafür ein idealer Spielplatz. Laß mich erst noch ein paar Dinge über die schwache Wechselwirkung berichten. Wir haben schon diskutiert, welche Vakuumzustände zu elektromagnetischen und welche zu den starken Wechselwirkungen gehören. Es gibt aber noch eine dritte Wechselwirkung in der Natur, die eine sehr ähnliche Struktur hat, nämlich die schwache Wechselwirkung. Sie wird von Teilchen vermittelt, die große Ähnlichkeit mit den Photonen und den Gluonen haben. Wir nennen diese die intermediären Bosonen. Sie sind vor kurzem am Proton-Antiproton-Beschleuniger in CERN bei Genf entdeckt worden, und diese Entdeckung wurde mit dem Nobelpreis für Physik 1984 ausgezeichnet.

Fig. 7.1: Luftaufnahme des CERN-Komplexes an der Schweiz.französischen Grenze. Am SPS Ring werden die W and Z Teilchen nachgewiesen. Hier werden auch Experimente zur Entdeckung des Quark-Gluon-Plasmas (siehe Kapitel 5) aufgebaut. Der LEP Tunnel ist heute im Bau.

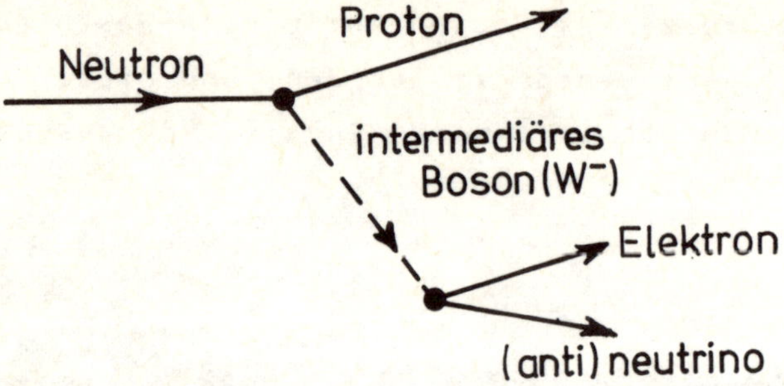

Fig. 7.2: Die intermediären Bosonen W^+, W^- und Z^0 übertragen die sogenannte schwache Wechselwirkung. Sie ist unter anderem für den Zerfall des Neutrons und des Myons verantwortlich.

Die intermediären Bosonen sind aber im Gegensatz zu den Photonen und den Gluonen außerordentlich schwer. Sie wiegen etwa einhundert Mal so viel wie ein Proton. Es ist sehr schwierig zu verstehen, warum sie so schwer sind. Die Theorie, die diese schwache Wechselwirkung beschreibt, ist nämlich ganz ähnlich wie die Theorie der Wechselwirkungen, die von Photonen und Gluonen übertragen werden. Die Theoretiker sind daher auf die Idee gekommen, daß die Masse der intermediären Bosonen eine Eigenschaft des Vakuums sein könnte.

R: Das ist wirklich eine seltsame Idee. Möchte man wirklich Teilchen haben, die in verschiedenen Vakua eine verschiedene Masse haben?

M: Ja, warum nicht?

Massen der Teilchen im Vakuum und Reichweite der Kräfte

R: Nun, früher haben wir gesehen, daß wir in dem einem Vakuum Quarks haben, und daß in dem anderen Vakuum keine Quarks vorkommen können. Natürlich hätte der gebundene Zustand von drei Quarks, den wir als Proton bezeichnen, in einem anderen Vakuum eine andere Masse. Aber nun sagst du, daß wir eine noch kompliziertere Struktur in Betracht ziehen müssen. Wir wollen, daß ein Teilchen in dem einen Vakuum eine große Masse hat und in einem anderen Vakuum möglicherweise sogar masselos ist.

M: Ja. Das ist aber nicht so überraschend, wie es auf den ersten Blick scheint. Z.B. wissen wir, daß Photonen in einem Festkörper eine sogenannte effektive Masse haben können. Das kommt daher, daß die Photonen das Material polarisieren. Wenn der Festkörper spezielle

Eigenschaften hat, dann kann die Polarisationsladung, die das Photon bei seiner Ausbreitung in dem Medium mit sich trägt, so wirken, als ob das Photon eine scheinbare Masse trägt. Man kann das dann daran sehen, daß die elektromagnetische Wechselwirkung in so einem Material eine endliche Reichweite hat. Sie wird durch die Ladungen, die in dem Festkörper sitzen, abgeschirmt.

R: Du willst damit sagen, daß die Wechselwirkung eines masselosen Teilchens mit der Struktur des Vakuums dem Teilchen eine Masse verleihen kann.

M: Ja. Jetzt müssen wir aber auch noch erklären, was eigentlich die Masse eines Teilchens, das eine Wechselwirkung überträgt, mit der Reichweite dieser Wechselwirkung zu tun hat. Das hängt wieder mit der Unschärferelation der Quantenmechanik zusammen. In der Quantentheorie kommt die Wechselwirkung zwischen zwei geladenen Teilchen dadurch zustande, daß das eine Teilchen ein Photon emittiert, das dann vom anderen Teilchen absorbiert wird. Für die Emission des Photons ist eine gewisse Energie notwendig. Deswegen kann das Photon nur für eine relativ kurze Zeit existieren, weil die Unschärferelation die Verletzung der Energieerhaltung nur für eine kurze Zeit erlaubt. Wenn das Teilchen, das die Wechselwirkung überträgt, jedoch sehr schwer ist, dann bedeutet das, daß es nur für eine viel kürzere Zeit als das Photon existieren und deswegen auch nur einen kurzen Abstand überwinden kann. Dies beschränkt die Reichweite der Wechselwirkung. Die Reichweite einer Wechselwirkung ist also umgekehrt proportional zu der Masse des Teilchens, das diese Wechselwirkung überträgt.

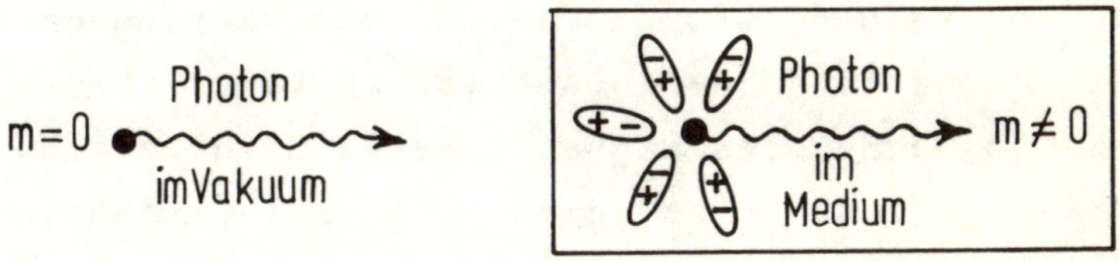

Fig. 7.3: Durch die Polarisationswolke (Debyewolke), die es mit sich herumschleppt, kann das Photon in einem Festkörper eine nicht verschwindende Masse erhalten.

R: Du meinst also, daß ein masseloses Teilchen eine Wechselwirkung von unendlicher Reichweite erzeugt?

M: Genau das ist ja bei der elektromagnetischen Wechselwirkung der Fall, weil die Photonen masselos sind. Daß die Masse mit der Reichweite verknüft ist, deutet darauf hin, daß die Masse auch mit der Struktur des Vakuums zusammenhängt. Die Struktur des Vakuums wird nämlich durch eine bestimmte Längenskala gekennzeichnet, und diese hängt wieder mit der Masse des Teilchens zusammen.

R: Es scheint also, daß wir eine Art Abschirmung der möglichen Wechselwirkungen brauchen. Wir brauchen ein Vakuum, um die Masse zu erzeugen. Vielleicht kann man das genauso wie bei einem Ferromagneten machen. Es gibt eigentlich keinen Grund, warum ein Ferromagnet ein starkes Magnetfeld haben sollte. Er kann Gebiete enthalten, in denen das magnetische Feld in verschiedene Richtungen zeigt, so daß sich bei einem großen Ferromagneten die Magnetfelder in den einzelnen Bezirken gegenseitig aufheben. Unter bestimmten Bedingungen kann man jedoch alle einzelnen Felder in die gleiche Richtung ausrichten, und dann ergibt sich ein sehr starkes magnetisches Feld. Um die Masse zur Abschirmung der Wechselwirkung zu erzeugen, benötigen wir einen ähnlichen Mechanismus.

M: Obwohl in einem Ferromagneten das Magnetfeld in eine bestimmte Richtung zeigt, hängen bekanntlich alle physikalischen Größen wie z.B. die Energie, die im Magnetfeld enthalten ist, nur von der absoluten Stärke des Feldes ab, und nicht von dessen Richtung. Aber sag mal, Jan, was hat das alles überhaupt mit der Masse der intermediären Bosonen zu tun?

Higgs-Felder

R: Nun, das ist natürlich nur eine Analogie. Der entscheidende Punkt ist, daß ein Feld spontan irgendeinen makroskopischen Wert annehmen kann. Das Vakuum ist dann durch den Wert dieses speziellen Feldes gekennzeichnet. Üblicherweise nennen wir ein solches Feld Higgs-Feld. In einem einfachen Spielzeugmodell können wir dann die Masse, die wir gern erzeugen möchten, durch den Wert dieses Higgs-Feldes ausdrücken.

Fig. 7.4: Das Higgs-Feld verleiht den intermediären Bosonen eine Masse.

M: Sehr schön. Das würde auch sicherlich funktionieren. Aber es gibt so viele Teilchen in der Natur, die alle verschiedene Massen tragen. Brauchen wir nicht für jedes Teilchen ein eigenes Higgs-Feld?

R: Natürlich könnte man sich im Prinzip ein sehr kompliziertes Feld ausdenken, bei dem sich die verschiedenen Massen aus vielen verschiedenen Feldkonfigurationen ergeben. Man denkt aber heute eher, daß es eine fundamentale Masse in der Theorie gibt, und daß sich alle anderen Massen durch dimensionslose Faktoren daraus ableiten. Wenn man diese fundamentale Masse mit dem Wert des Higgs-Feldes identifiziert, dann werden die anderen Massen auf sehr einfache Weise durch die Kopplungen zwischen dem Higgs-Feld und den Teilchen erzeugt. Obwohl das auf den ersten Blick bestimmt sehr willkürlich erscheint, hat diese Vorstellung sehr charakteristische experimentelle Konsequenzen.

M: Kannst Du mir ein Beispiel für solche Konsequenzen nennen?

R: Nimm z.B. die Kopplung des Higgs-Feldes zu den verschiedenen Teilchen. Da wir alle die verschiedenen Massen aus dem gleichen fundamentalen Feld erzeugen wollen, muß die Stärke dieser Kopplung proportional zur Masse der Teilchen wachsen. Wenn also das Feld, das für die Abschirmung der schwachen Wechselwirkung verantwortlich ist, je entdeckt wird, dann könnten wir sofort vorhersagen, von welcher Art und Stärke seine Wechselwirkung mit den anderen bekannten Feldern ist.

Es gäbe einfach einen einzigen Parameter, und alles andere wäre von der Theorie bereits vorgeschrieben.

M: Das wäre natürlich die Verwirklichung des Traumes aller theoretischen Physiker. Aber könnte die Struktur des Vakuums nicht vielleicht auch dafür verantwortlich sein, daß die Wechselwirkung gewisse Symmetrien bricht?

Vakuum und Symmetriebrechung

R: Laß mich erst noch etwas mehr darüber sagen, von welcher Symmetrie wir überhaupt sprechen. Wir alle wissen, daß es keinen Einfluß haben sollte, ob wir die Naturgesetze in einem Koordinatensystem beschreiben, das rechtshändig ist, oder in einem linkshändigen Koordinatensystem. Um ein rechtshändiges Koordinatensystem zu konstruieren, nimmt man die rechte Hand, so daß die drei ersten Finger in drei Richtungen zeigen, und nennt diese X, Y und Z. Auf diese Weise legt man die Koordinaten eines Raumpunktes fest. Ein linkshändiges Koordinatensystem erhält man, wenn man statt dessen die linke Hand nimmt und die Richtungen der gleichen Finger mit X, Y und Z bezeichnet. Dabei stellt man fest, daß die Werte der Koordinaten desselben Raumpunktes ihr Vorzeichen ändern.

M: Wir wissen aber, daß die makroskopische Welt nicht symmetrisch unter dem Austausch von rechts- und linkshändigem Koordinatensystem ist.

R: Das ist eigentlich auch nicht zu erwarten.

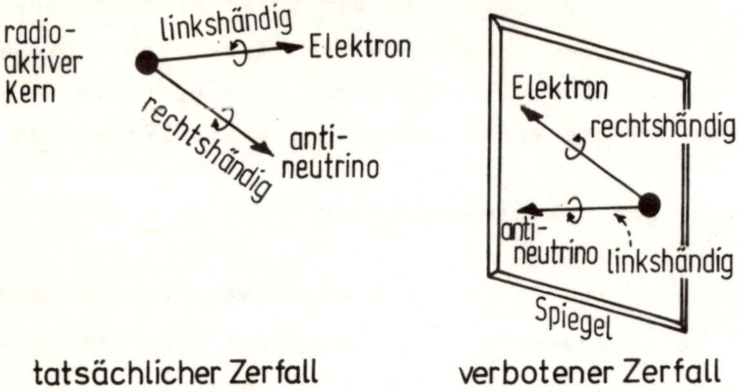

Fig. 7.5: Die schwache Wechselwirkung verletzt die Spiegelungssymmetrie: das Spiegelbild kehrt die Beziehung zwischen der Bewegungsrichtung (Pfeil) und Spin (Kringel) der Teilchen um.

M: Wir wissen, daß Zuckermoleküle normalerweise nur in einer Form vorkommen. Und wir wissen auch, daß die Moleküle, die die genetischen Informationen in unseren Zellen tragen, nur in einer Orientierung auftreten.

R: Ja, das weiß ich auch. Aber ich denke, daß diese Art von Symmetriebrechung eine andere Ursache hat. Wenn die eine Form biologischer Moleküle überwiegt, dann verdrängt sie jede andere Form. Anfangs kam sicher gleichviel rechtshändiges und linkshändiges genetisches Material vor. Aber dann wurde durch irgendeine Störung die rechtshändige Form häufiger, und die linkshändige verlor das Rennen. Sie wurde einfach verdrängt. Was seltener war, konnte halt nicht überleben. Da es etwas andere Eigenschaften hatte und die Welt für die häufiger vorkommende Form besser geeignet war, starb die weniger häufige einfach aus. Eine Form des Lebens verdrängte eine andere.

M: Es handelte sich dabei also um eine Art zufälliger Symmetriebrechung?

R: Ja. Ich denke, man könnte es als dynamische Symmetriebrechung in der Natur bezeichnen.

Verletzung der Spiegelsymmetrie

M: Wir wissen, daß auch die schwachen Wechselwirkungen nicht symmetrisch gegen den Austausch von rechts- und linkshändigen Koordinatensystemen sind. Der radioaktive Zerfall von Atomkernen würde nicht genauso aussehen, wenn wir ihn in einem Spiegel betrachteten. Wenn wir nun behaupten, daß das an der Symmetriebrechung des Vakuums liegt, könnten wir nicht dann in ganz ähnlicher Weise sagen, daß die mikroskopische Welt anfangs rechts-links-symmetrisch war und auf irgendeine Weise das linkshändige Vakuum die Oberhand gegenüber dem rechtshändigen Vakuum gewonnen hat?

R: Natürlich, das ist eine sehr interessante Möglichkeit. Wir müssen uns auch immer daran erinnern, daß rechts und links in gewisser Weise willkürliche Bezeichungen sind. Denn niemand weiß, was wirklich links und rechts ist. Die rechte Hand hat den Daumen links, und die linke Hand hat den Daumen rechts. Am Anfang waren also zwei gleichwertige Vakua. Das eine war linkshändig und das andere rechtshändig. Es ist jedoch oft so, daß sich zwei gleichwertige Dinge abstoßen. Sie möchten nicht gleichwertig bleiben. Auf diese Weise wurde das eine Vakuum durch irgendein spontanes Ereignis unwahrscheinlicher als das andere, genauso wie wir es für die rechts- und linkshändige genetische Information besprochen haben.

M: Das erinnert mich wieder an unser Beispiel mit dem Ferromagneten. Die Orientierung des Magnetfeldes hängt in recht zufälliger Weise von der Geschichte des Ferromagneten ab. Aber wenn wir den Ferromagneten unter dem Mikroskop betrachten, dann sehen wir, daß das Magnetfeld in verschiedenen Bereichen verschiedene Richtungen aufweist. Genauso könnte das Vakuum in verschiedenen Teilen des Universums links- und rechtshändige Wechselwirkung bevorzugen.

R: Obwohl das nicht unmöglich ist, halte ich es doch für sehr unwahrscheinlich. Ich glaube eher, daß das Higgs-Feld den rechts- und linkshändigen Teilchen (siehe Fig. 7.4) verschiedene Massen gibt, zumindest einigen Teilchen. Wenn man ein spezielles Elementarteilchen wie etwa das Elektron betrachtet, dann kann man eindeutig sagen, daß es sich in Richtung seines Eigen(en)drehimpulses bewegt oder dagegen. Man kann die innere Rotation, also den Eigendrehimpuls (Spin) und die Bewegungsrichtung miteinander in Verbindung bringen. Für das Neutrino dagegen ergibt sich eine noch viel interessantere Alternative: vielleicht haben wir in der Natur bisher nur linkshändige Neutrinos und rechtshändige Antineutrinos gefunden, weil die entgegengesetzten Neutrinoarten sehr schwer sind.

Wiederherstellung der Symmetrie

M: Ja, das könnte sein. Vielleicht werden in künftigen Experimenten tatsächlich rechtshändige Neutrinos entdeckt. Aber laß mich noch einmal auf den Ferromagneten zurückkommen. Wenn man einen Ferromagneten erhitzt, da wird bekanntlich bei einer bestimmten Temperatur die Ausrichtung des Magnetfeldes zerstört, und die zufällige Symmetriebrechung wird wieder hergestellt. Ich stelle mir vor, daß dasselbe mit dem Vakuum der schwachen Wechselwirkung geschehen könnte.

R: Natürlich. Wenn wir das Vakuum der starken Wechselwirkung aufschmelzen können, dann müßte es genauso gut möglich sein, das Vakuum der schwachen Wechselwirkungen zu schmelzen. Die erforderliche Energie für das Schmelzen des Vakuums der starken Wechselwirkung war etwa ein GeV, eine Protonenmasse, wie wir besprochen haben. Bei den schwachen Wechselwirkungen müssen wir uns zunächst überlegen, mit welchen Energien wir es jetzt zu tun haben. Die Energie hängt sicherlich von den charakteristischen Massen, die mit der schwachen Wechselwirkung verknüpft sind, ab.

M: Das ist etwa das Hundertfache der Protonenmasse.

R: Genau, das ist das Problem. Bevor wir weiter darüber nachdenken, sollten wir uns klarmachen, daß die Veränderung der Eigenschaften des Vakuums hundertmal so schwer zu erreichen sein wird wie bei der starken Wechselwirkung.

M: Dies wird also Experimenten in der fernen Zukunft vorbehalten bleiben. Aber wenn wir so ein Experiment durchführen könnten und die Symmetrie, die von der schwachen Wechselwirkung spontan gebrochen wird, wieder herstellen könnten, könnten wir dann nicht linkshändige Neutrinos in rechtshändige Neutrinos verwandeln?

R: Nun, vermutlich würden wir sie nicht gerade ineinander umwandeln, aber vielleicht könnten wir ein Neutrino finden, das weder rechts- noch linkshändig ist und sich ganz ähnlich wie ein normales massives Teilchen verhält. Und wenn das Vakuum wieder abkühlt, frieren die verschiedenen Neutrinoarten aus, und das eine Neutrino wäre sehr schwer und das andere wieder sehr leicht. Das ist natürlich eine ganz wilde Spekulation. Wir wissen über diese Frage heute eigentlich noch gar nichts, außer daß es bei den heute verfügbaren Energien nur eine Neutrinoart, nämlich das linkshändige Neutrino, gibt. Und weil wir noch so wenig darüber wissen, sollten wir lieber noch nicht versuchen, ein konkretes Modell zu bauen. Wir müssen erst auf einige experimentelle Anhaltspunkte warten. Natürlich könnten wir uns auch an den Prinzipien der theoretischen Physik und an logischen Prinzipien oder Prinzipien der Einfachheit orientieren, aber auch damit können wir natürlich nicht mit Sicherheit sagen, wie die Naturgesetze wirklich aussehen. Wir werden wahrscheinlich noch einen langen Umweg gehen müssen, bevor wir die Naturgesetze wirklich verstehen und ihre wirklich elementare Form erkennen.

Kapitel 8

Das schwere Vakuum

M: Im Laufe der Diskussion haben wir schon gesagt, daß wir uns für die genaue Struktur des Vakuums interessieren, weil wir einige der Naturkonstanten, wie z.B. die Massen der Elementarteilchen, mit der Struktur des Vakuums verknüpfen wollen. Dann könnten wir nämlich die Parameter der Theorie auf dimensionslose Konstanten reduzieren, die sich im Prinzip aus mathematischen Gleichungen berechnen lassen. Für die starke, die elektromagnetische und die schwache Wechselwirkung ist dieses Programm sehr vielversprechend. Aber bei der Schwerkraft gibt es Probleme: die Schwerkraft ist eine langreichweitige Kraft, so daß keine endliche Massenskala mit ihrer Reichweite verbunden ist. Andererseits wissen wir aber, daß die Gravitationskonstante im Gegensatz zur elektromagnetischen Kopplungskonstanten eine charakteristische Dimension hat.

Die Kopplungskonstanten der Wechselwirkungen

R: Laß mich das noch etwas genauer sagen: die elektromagnetische Kopplungskonstante hat die Dimension einer Wirkung, die wir herausziehen können, weil wir die Größe des elementaren Wirkungsquantums aus anderen Messungen schon kennen. Wir können also aus der elektromagnetischen Kopplungskonstanten und dem Wirkungsquantum eine dimensionslose Zahl bilden, die wir als Feinstrukturkonstante bezeichnen. Allerdings hast Du recht, daß wir bei der Schwerkraft keinen Vergleichspunkt besitzen. Es fehlt eine fundamentale Größe mit der Dimension einer Länge, mit deren Hilfe wir die Stärke der Gravitationskonstanten angeben könnten. Im Prinzip könnte das natürlich der Radius des Universums sein, aber dann müßte sich die Gravitationskonstante mit der Zeit verändern.

M: Andererseits wissen wir, daß die typische Längenskala, die mit der Gravitationskonstanten verknüpft ist, ganz außerordentlich klein ist, um viele Größenordnungen kleiner als der Radius des Protons. Natürlich könnten wir auch hier wieder daran denken, die Gravitationskonstante aus der Struktur des Vakuums der Schwerkraft zu erklären. Aber das müßte schon eine sehr seltsame Art von Vakuumstruktur sein, weil wir eine sehr mikroskopische Struktur benötigen, um eine ganz winzige Kopplungskonstante zu erklären.

R: Vermutlich ist das genau der Grund, warum dieses Problem noch nicht gelöst worden ist. Aber eine Lösung wäre bestimmt sehr interessant. Wenn wir die Kopplung der Schwerkraft an die Materie wirklich verstünden, wäre es möglich, diese an- und abzuschalten.

Schwere und Trägheit

M: Das ist sicherlich ein aufregender Gedanke. Stell Dir vor, wir könnten uns schwerelos machen!

R: Aber Du weißt doch, daß das durchaus möglich ist. Schon Archimedes zeigte uns wie. Wir können uns z.B. in Wasser treiben lassen.

M: Das ist wahr, aber auf diese Weise werden wir nur unser Gewicht los und nicht unsere Masse, d.h. unsere Trägheit.

R: Darum geht es ja gerade. Wir würden gern den Zusammenhang dieser beiden Größen trennen. Es gibt eine schwere Masse und eine träge Masse. Einsteins Äquivalenzprinzip sagt uns, daß die Masse, welche die Trägheit unseres Körpers bestimmt, gleich der Masse ist, die bestimmt, wie stark wir von der Erde angezogen werden.

Fig. 8.1: Galileo Galilei zeigte mit seinen berühmten Fallversuchen in Pisa, daß große und kleine Massen gleich schnell zur Erde fallen. Aus diesem Befund entwickelte Einstein das Prinzip der Äquivalenz von schwerer und träger Masse.

M: Das ist nicht ganz korrekt, Jan. Einsteins Äquivalenzprinzip sagt nur aus, daß träge und schwere Masse streng proportional zueinander sind. So, wie ich Dich jetzt verstehe, möchtest Du gern die Proportionalitätskonstante zwischen beiden verändern und nicht etwa die Tatsache, daß sie zueinander proportional sind.

R: Ja. Das Prinzip, das Einstein aufgestellt hat und das sich als so erfolgreich erwiesen hat, möchte ich wirklich nicht gerne verändern. Aber es wäre doch für mich sehr nützlich, wenn ich die Möglichkeit hätte, über die Struktur des Vakuums diese Konstante zu verändern, die die schwere und die träge Masse miteinander verbindet. Ich würde dann z.B. erreichen, daß mein Gewicht stark reduziert wäre. Oder genauer, daß mein Körper mit einer wesentlich geringeren Kraft von einem schweren Körper, wie z.B. der Erde, angezogen wird. Ich könnte mich mit sehr kleiner Geschwindigkeit von der Erdoberfläche lösen. Ich müßte nur ein kleines Stück Abfall wegwerfen, was mir nach dem Prinzip "actio = reactio" einen gewissen Impuls weg von der Erde geben würde. Und dann könnte ich einfach abwarten und zusehen, wie ich mich langsam von der Erde entferne, und zwar sehr langsam, weil mein Körper ja immer noch eine große Menge träger Masse besitzt, und wenn ich ein kleines Stück dieser Masse nach unten werfe, erreiche ich noch keine große Geschwindigkeit. Wenn aber die Erde keine große Anziehungskraft hätte, so würde mich das sehr glücklich machen, denn dann könnte ich mit Leichtigkeit durch den Raum fliegen.

M: Ja, das ist richtig. Leider wissen wir heute, daß dies sicherlich nicht einfach sein wird, denn man hat mit großer Genauigkeit gemessen, daß die Gravitationskonstante zeitlich unveränderlich ist. Daran können wir sehen, daß die Struktur des schweren

Vakuums sehr stabil ist und sogar von der Expansion des Universums unbeeinflußt bleibt. Wir müssen vermutlich einen neuen Weg finden, das Vakuum zu beeinflussen, wenn wir dadurch die Gravitationskonstante beeinflussen wollen.

R: Ich wollte nicht behaupten, daß sich die Gravitationskonstante unseres Vakuums im Laufe der Zeit ändert, obwohl dies eigentlich eine vernünftige Annahme wäre, weil sich auch die Größe des Universums zeitlich verändert. Man könnte deswegen denken, daß sich auch die Schwerkraft und die Eigenschaften der gravitierenden Körper mit der Zeit verändern. Mir kommt es vielmehr darauf an, daß die Konstante, die schwere und träge Masse miteinander verknüpft, eine Dimension trägt. Es könnte doch durchaus sein, daß diese Konstante etwas mit der Struktur des Vakuums zu tun hat. Wenn ich diese Struktur verändere, also wenn ich das schwere Vakuum zu schmelzen lerne, dann kann ich auch lokal und unter kontrollierten Bedingungen die Kraft verändern, die uns in Richtung auf die Erdoberfläche zieht.

Was wiegt das Vakuum?

M: Du erinnerst mich dabei an die kosmologische Konstante. Einstein führte sie in seine Gleichung der allgemeinen Relativitätstheorie ein, aber später verwarf er sie wieder, weil die Beobachtungen zeigten, daß sie null oder zumindest sehr, sehr klein sein muß. Im Prinzip mißt die kosmologische Konstante die Menge an gravitierender Energie, die im Vakuum enthalten ist. Wir wissen nun, daß es eine ganz sichere Hierarchie verschiedener Vakuumzustände gibt, die alle eine andere, oft sehr komplizierte Struktur haben, und es ist schwer zu verstehen, warum die gravitative Wirkung des Vakuums offensichtlich so klein ist.

R: Ja, das verstehen wir leider wirklich noch nicht. Eigentlich sollten alle diese Vakuumstrukturen eine Masse tragen, nicht wahr?

M: Genauer gesagt eine Energiedichte. Wir haben schon gesagt, daß es eine träge und eine schwere Masse gibt. Nun hat das Vakuum sicherlich keine Trägheit, aber es sollte eine schwere Masse haben. Aus irgendeinem Grund übt unser heutiges Vakuum keine Schwerkraft aus, was Einstein zunächst bezweifelte.

R: Der übliche Weg, das Problem zu umgehen, ist zu sagen, daß wir die schwere Kraft des Vakuums wegrenormieren. Aber das ist natürlich nicht wahr. Wir können das nicht so einfach machen, weil sich das Universum mit der Zeit verändert. Wenn wir die kosmologische Konstante im sehr frühen Universum wegrenormieren, dann hätten wir innerhalb der Theorie sehr große Schwierigkeiten, dafür zu sorgen, daß diese Konstante heute immer noch null ist, weil das Vakuum im frühen Universum wahrscheinlich geschmolzen war. Als dann der Übergang zum eingefrorenen Vakuum, das wir heute haben, geschah, hätte die Konstante einen nicht verschwindenden Wert angenommen. Es gibt also eine Schwierigkeit, die nicht so einfach zu beseitigen ist. Mein Gefühl ist es, daß der gleiche Mechanismus, mit dessen Hilfe wir irgendwann einmal den Zusammenhang zwischen schwerer und träger Masse kontrollieren können, auch erklären wird, warum die kosmologische Konstante augenblicklich einen so kleinen Wert hat.

Die Entwicklung des Universums

M: Wie Du gerade erklärt hast, können Energiedifferenzen nicht einfach wegrenormiert werden. Wenn also das Vakuum heute keine Schwerkraftwirkung ausübt, dann muß vom Vakuum früher eine starke Wirkung ausgegangen sein, als es noch eine andere Struktur hatte. Dies hätte doch die Entwicklung des Universums ganz bestimmt stark beeinflußt.

R: Wenn man etwas über die zeitliche Entwicklung des Universums wissen möchte, dann verfolgt man sie normalerweise rückwärts. Man geht von dem Zustand aus, den wir heute beobachten, benutzt die bekannten Gesetze, die die Entwicklung schwerer Körper beschreiben - das

Universum ist im Prinzip ein solcher Körper - und rechnet rückwärts in der Zeit.

M: Ja. Wie wir wissen, dehnt sich das Universum heute aus, und es hat sich für eine lange Zeit ausgedehnt. In der Vergangenheit war das Universum also kleiner, und daher war seine Energiedichte höher als heute. Irgendwann in der Vergangenheit war daher die Energiedichte im Universum hoch genug, damit das Vakuum zum Schmelzen kam. Wir haben uns ja schon überlegt, daß ein solcher Schmelzpunkt z.B. bei der Energiedichte von einem GeV pro Fermi^3 liegt, wo Quarks und Gluonen freigesetzt werden.

R: Das ist natürlich nur ein Beispiel. Dieser Vorgang muß sich mehrere Male abgespielt haben, da die verschiedenen Vakua verschiedene Schmelzpunkte haben.

M: Natürlich, aber ich denke, es ist am besten, wenn wir zunächst einmal den Übergang betrachten, den wir hier schon ausführlich diskutiert haben. Laß uns also diesen Übergang bei einem GeV pro Fermi^3 genauer untersuchen. Wenn wir über diesen Zeitpunkt hinaus weiter in die Vergangenheit zurückgehen, dann müssen wir annehmen, daß eine Volumeneinheit des geschmolzenen Vakuums plötzlich mit der Masse gravitiert hat, die einem GeV entspricht.

R: Das hätte aber sicherlich die Ausdehnung des Universums sehr erschwert, oder?

M: Nein. Ganz im Gegenteil. Der Grund dafür ist eine etwas seltsame Eigenschaft der Allgemeinen Relavitätstheorie. Wir wissen ja schon, daß das Vakuum nicht nur eine nicht verschwindende Energie, sondern auch einen Druck hat. Ohne einen äußeren Zwang, sei es hohe Dichte oder hohe Temperatur, würde das geschmolzene Vakuum von selbst in das gefrorene Vakuum übergehen, das niedrigere Energie besitzt. Der Raumbereich, der mit dem geschmolzenen Vakuum gefüllt ist, versucht also, sich zu verkleinern. Mit anderen Worten: das geschmolzene Vakuum ist mit einem negativen Druck verbunden, wenn der Druck des eingefrorenen Vakuums gleich null gesetzt wird. In Einsteins allgemeiner Relativitätstheorie gravitiert nun nicht nur die Masse, sondern auch der Druck. Unter normalen Bedingungen kann man die Schwerkraftwirkung des Drucks nicht spüren. Aber der Druck des Vakuums ist groß und überwiegt die Schwerkraft, die von der im Vakuum enthaltenen Energie ausgeht. Die resultierende Schwerkraftwirkung des geschmolzenen Vakuums ist daher abstoßend.

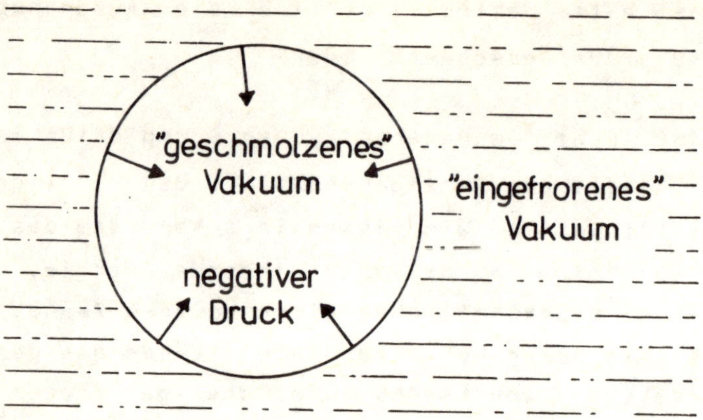

Fig. 8.2: Der Eigendruck des geschmolzenen Vakuums ist stark negativ, d.h. das Vakuum möchte ein kleineres Raumgebiet einnehmen. Der negative Druck führt gewissermaßen zu einem "Antigravitationseffekt".

R: In einem gewissen Sinne könnte man also von Antigravitation sprechen. Normalerweise würden die vielen Teilchen, die in dem heißen, geschmolzenen Vakuum vorhanden sind, den Einfluß des negativen Vakuumdrucks selbst mehr als aufwiegen, genauso wie die Quarks, die sich im geschmolzenen Vakuum, das im Inneren des Protons vorhanden ist, bewegen, die

Druckdifferenz zwischen dem geschmolzenen und dem eingefrorenen Vakuum ausgleichen.

Das überhitzte Vakuum im früheren Universum

M: Ja. Aber jetzt müssen wir den Film von der Entwicklung des Universums wieder vorwärts laufen lassen. Anfänglich war also das Universum mit geschmolzenem Vakuum gefüllt und enthielt viele Teilchen, die den negativen Druck, der mit diesem Vakuum verbunden ist, überkompensierten. Als sich dann das Universum ausdehnte und abkühlte, reichte irgendwann der positive Druck der Teilchen nicht mehr aus, dem negativen Vakuumdruck die Balance zu halten. In diesem Augenblick hätte der Übergang zu dem eingefrorenen Vakuum geschehen sollen. Dabei werden die Quarks in das Innere mikroskopischer Bereiche geschmolzenen Vakuums eingeschlossen, die wir als Nukleonen oder Mesonen bezeichnen. Wenn jedoch die Ausdehnung des Universums sehr schnell vor sich ging, dann konnte dieser Übergang zum eingefrorenen Vakuum nicht sofort eintreten, sondern erst eine gewisse Zeit später. Und das Universum hätte einen Teil seiner Entwicklung im falschen Vakuumzustand verbracht, in dem sein negativer Druck nicht länger von den darin vorhandenen Teilchen ausgeglichen wurde.

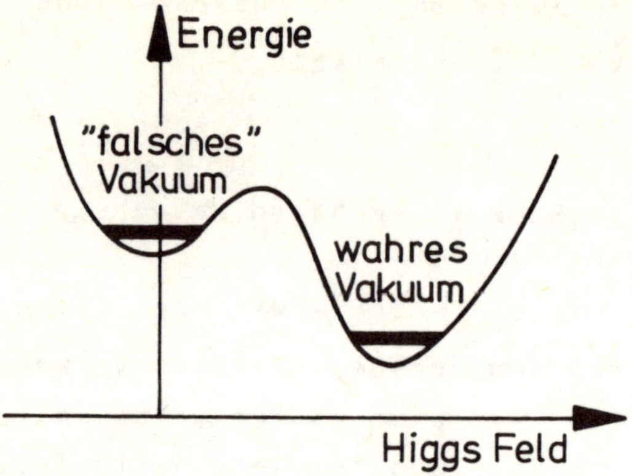

Fig. 8.3: Bei der Abkühlung des Universums wurde das Higgs-Feld möglicherweise zunächst im "falschen" Vakuum eingefroren. Erst nach längerer Unterkühlung fand dann ein plötzlicher Übergang zum energetisch tieferen, "wahren" Vakuum statt.

R: Das erinnert mich daran, was geschieht, wenn man Wasser sehr schnell unter den Gefrierpunkt abkühlt. Es verwandelt sich nicht sofort in Eis, sondern bleibt als unterkühltes Wasser noch eine ganze Weile flüssig. Es hat dann alle physikalischen Eigenschaften von Wasser, nur befindet es sich in einer Art instabilen Zustandes. Wenn man eine Flasche mit unterkühltem Wasser kräftig schüttelt, verwandelt sich das Wasser augenblicklich in

Eis und sprengt dabei die Flasche wie in einer Explosion.

M: Ja, das ist genau das, was sich im frühen Universum abgespielt haben kann. Das unterkühlte geschmolzene Vakuum existierte für eine gewisse Zeit, bis es irgendwann begann, sich in einem explosionsartigen Prozeß in das eingefrorene Vakuum umzuwandeln. Das gefrorene Vakuum entstand zunächst in kleinen Blasen, die dann mit Lichtgeschwindigkeit wuchsen. Bei der Umwandlung wurde die latente Wärme des geschmolzenen Vakuums in thermische Energie umgewandelt, und das Universum wurde dabei wieder aufgeheizt.

Explosive Entwicklung des früheren Universums

R: Aber die wirklich interessante Periode war natürlich die, in der das Universum das unterkühlte, geschmolzene Vakuum enthielt. Die Wirkung des negativen Drucks drückte das Universum regelrecht auseinander. Negativer Druck wirkt ja wie eine Art Antigravitation.

M: Richtig. Man kann auch wirklich berechnen, daß die Ausdehnung des Universums während dieser Phase exponentiell verlief. D.h. die Größe des Universums verdoppelte sich in einer bestimmten Zeit, verdoppelte sich wiederum in der gleichen Zeit, usw.

R: Das bezeichnet man als "Inflation".

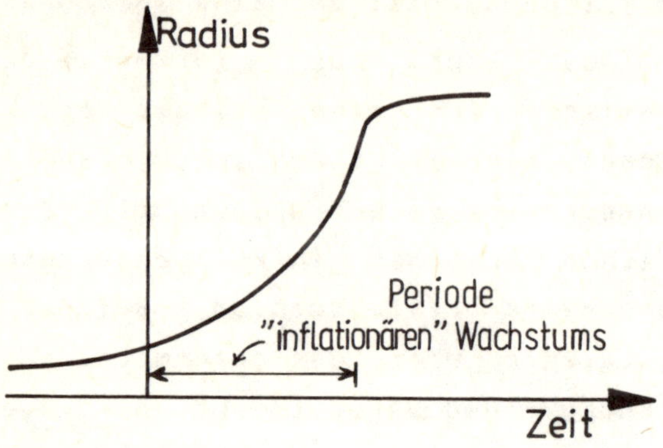

Fig. 8.4: Während der Epoche, von der das Higgs-Feld im "falschen" Vakuum eingefroren war, vergrößerte das Universum seine Ausdehnung exponentiell ("inflationäres Wachstum").

M: Meinst Du inflationär wie bei der Inflation des Geldes?

R: Ja. Wenn das Universum wirklich aus einem sehr kleinen Bereich bis zur jetzigen Größe angewachsen ist, dann ist das für unserer Verständnis der Vakuumstruktur doch ein sehr wichtiger Gesichtspunkt. Und so ein Prozeß muß sich in der Vergangenheit abgespielt haben. Das Universum erscheint heute im Ganzen sehr homogen, obwohl es natürlich auch kleine lokale Inhomogenitäten gibt.

M: Woher wissen wir das?

R: Wir können z.B. die Anzahl der Sterne pro Volumeneinheit bestimmen, wenn wir ihre Entfernung von der Erde messen. Obwohl in jüngster Zeit einige große, leere Bereiche entdeckt worden sind, kann man doch sagen, daß das Universum im Großen und Ganzen homogen ist. Der Grund für diese Homogenität war lange ein ungeklärtes Problem. Wenn man an eine Art Explosion denkt, Berndt, dann würde man doch eine sehr inhomogene Verteilung der Fragmente erwarten, nicht wahr? Es ist nicht leicht, sich eine Explosion vorzustellen, bei der alles homogen bleibt. Es muß eben ein ganz besonderer Vorgang sein, wie z.B. das inflationäre Wachstum wie eben erwähnt.

M: Ferne wissen wir, daß das Echo dieser Explosionen des Universums, nämlich die Hintergrundstrahlung, außerordentlich homogen ist. Und wir wissen daher auch, daß die Ausdehnung des Universums für eine sehr lange Zeit sehr homogen gewesen sein muß.

Die Hintergrundstrahlung: der moderne Äther

R: Ja. Dieses Echo ist wirklich erstaunlich. Es sind die Überreste der Hitzestrahlung im Universum aus einer früheren Epoche. Weißt Du noch, wie früher das Vakuum für viele Jahre lang mißverstanden wurde? Ursprünglich entwickelten die Physiker die Vorstellung vom Äther, um die Ausbreitung von Wellen durch das Vakuum zu verstehen. Und jetzt haben wir wirklich einen Äther im Vakuum! Es ist die Hintergrundstrahlung, von der wir gerade sprachen.

M: Du meinst also, daß Michelsons Experiment trotz allem falsch war?

R: Nein. Michelson wollte nur zeigen, daß die Lichtgeschwindigkeit in allen Richtungen des Raumes gleich groß ist.

M: Und unabhängig von der Bewegung des Beobachters.

R: Ja. Aber damit ist weder bewiesen noch widerlegt, ob es den Äther gibt. Einstein hat sehr richtig darauf hingewiesen. Er legte immer großen Wert darauf, daß relativistisch invariante Gesetze in der Physik die Beobachtung eines Äthers unmöglich machen. Was er damals natürlich noch nicht wissen konnte, war, daß selbst, wenn, wie wir sagen, die Naturgesetze relativistisch invariant sind, der Zustand des

Universums von den Anfangsbedingungen abhängen kann, d.h. davon, wie das Universum begann. Das Bezugssystem, das durch die Ausdehung des Universums festgelegt ist, ist in vieler Weise ein ausgezeichnetes Bezugssystem. Nur deshalb kann auf der einen Seite das Michelson-Morley Experiment richtig sein, und andererseits kann man trotzdem von einem beobachtbaren Äther sprechen. Die Hintergrundstrahlung gibt mir ein absolutes Bezugssystem, in dem die Ausdehnung des Universums begann. Ich kann im Prinzip und auch in der Praxis feststellen, welche Geschwindigkeit die Erde in bezug auf diesen Äther besitzt. Jedes Raumschiff an jedem Platz im Universum könnte jederzeit seine Geschwindigkeit in bezug auf den Äther messen.

M: Aber natürlich ist das nur richtig, wenn das Raumschiff weit genug von einer größeren Inhomogenität, also etwa einem Neutronenstern oder einem Schwarzen Loch, entfernt ist, die durch ihr Schwerkraftfeld den Äther, also die Hintergrundstrahlung, stören.

R: Aber das ist ein praktisches Problem, und wir brauchen uns hier nicht darum zu kümmern. Der entscheidende Punkt ist, daß wir seit dem Ursprung des Universums in dem Bezugssystem, in dem die plötzliche Ausdehnung geschah, ein absolutes Koordinatensystem haben. Das macht das Vakuum natürlich um so interessanter.

M: Es würde auch bedeuten, daß das Universum, so groß es uns auch erscheinen mag, in Wirklichkeit noch viel größer wäre als der Teil, den wir heute sehen können, weil die Lichtgeschwindigkeit endlich ist und deshalb unsere Beobachtungen nicht beliebig weit reichen. Wenn wir den Himmel in einem Teleskop betrachten, können wir nur so weit sehen, wie sich das Licht seit dem Ursprung des Universums ausgebreitet hat.

Unser Universum: ein alter "Unglücksfall"?

R: Ganz richtig. Es könnte nämlich sein, daß das gesamte Universum einen riesig großen Bereich einnimmt, und daß wir heute nur denjenigen Teil sehen, der durch ein verhängnisvolles Experiment erzeugt worden ist, das ein werdender Physiker vor 20 Milliarden Jahren ausgeführt hat, um die Struktur des Vakuums in einem anderen Universum zu erforschen. Dabei könnte er das Vakuum plötzlich verändert haben, und das Ergebnis ist unser heutiges Universum, das wir beobachten können. Ich möchte diese verrückte Idee nicht weiter ausführen, und vielleicht sollten wir sie auch später aus dem Text streichen.

M: Auf keinen Fall.

Wie viele Dimensionen hat unsere Welt?

R: Aber was uns wirklich interessiert ist, ob unser sichtbares Universum ein kleiner Teil des gesamten Universums ist, oder ob das gesamte Universum in eine Art höherdimensionalen Raum eingebettet ist. Um zu verstehen, was ich meine, kannst Du Dir eine Kugeloberfläche vorstellen. Wir können auf der Oberfläche der Erde leben, aber nicht im Erdinneren. Vielleicht ist die Situation im Universum ähnlich.

M: Du meinst, es kann sein, daß die Welt mehr als vier Dimensionen hat? Mehr als die drei Dimensionen des Raumes und die Dimension der Zeit? Daß aber auf irgendeine Weise unsere Bewegungsfreiheit in den anderen Dimensionen eingeschränkt ist, so daß wir uns in diesen Dimensionen nicht bewegen können?

R: Ich weiß es nicht, doch denken die Physiker heute laut über diese Möglichkeit nach.

M: Dabei könnten diese anderen Dimensionen eine physikalische Realität besitzen.

R: Ja, wir könnten uns in diesen anderen Dimensionen sogar bewegen, ohne es zu bemerken. Wir haben z.B. über die Masse gesprochen. Man kann zeigen, daß eine effektive Masse erzeugt wird, wenn die Bewegung eines Körpers auf drei Dimensionen eingeschränkt wird.

Betrachte hier als ein Beispiel Wasser, das eine Fläche hinunterfließt. Wenn Du den Fluß durch eine Rinne regulierst, dann kann es nicht so schnell fließen, als wenn es die ganze Ebene zur Verfügung hätte. Wenn man also seine Bewegungsfreiheit auf eine spezielle Raumstruktur beschränkt, dann wird auf diese Weise eine Art effektiver Trägheit, eine Masse eingeführt. Es ist also möglich, daß die Schwierigkeit, die Massen der Elementarteilchen zu erklären, damit zusammenhängt, daß wir den Raum mit einer zu geringen Anzahl von Dimensionen beschreiben.

Fig. 8.5: Wasser, das in einer gewundenen Rinne fließen muß, ist in seinem Fluß behindert. Man kann das auch dadurch ausdrücken, daß seine träge Masse effektiv erhöht ist.

M: Da fällt mir ein, daß man in der Festkörperphysik praktische Modelle für dieses Verhalten konstruieren kann und z.B. Experimente mit zweidimensionalen Halbleitern durchführen kann. Man kann dabei die Bewegung von Elektronen untersuchen, wenn ihre Bewegung auf nur zwei Dimensionen beschränkt ist. Solche Materialien haben eine ganze Reihe sehr interessante Eigenschaften.

R: Es wäre ein beunruhigender Gedanke zu glauben, daß all unser fehlendes Verständnis auf einem Mißverständnis beruht. Vielleicht sind viele Eigenschaften der Elementarteilchen, über die wir hier gesprochen haben, nichts anderes als Reflexionen einer höheren Dimensionalität des Raumes. Es könnte ja durchaus sein, daß unsere Welt in Wirklichkeit viele Dimensionen besitzt, aber daß unsere Bewegungsfreiheit auf eine räumliche dreidimensionale Oberfläche eingeschränkt ist.

M: Dies müßte dann sicherlich wieder eine Evolutionseigenschaft des Vakuums sein, das vermutlich für das Einfrieren der anderen Dimensionen verantwortlich ist. Es ist eine faszinierende Vorstellung, daß wir eines Tages in der Lage sein könnten, dieses Vakuum zu schmelzen und dadurch neue Dimensionen zu gewinnen, in denen wir uns bewegen können.

R: Natürlich ist Dir klar, daß selbst dann die Lichtgeschwindigkeit immer noch eine obere Grenze für alle Bewegungen wäre. Trotzdem könnten wir von einem Punkt unseres dreidimensionalen Raumes viel schneller zu einem anderen gelangen. Das kann man sich leicht klarmachen. Du brauchst nur an zwei Personen zu denken, von denen sich eine nur auf der Erdoberfläche bewegen kann, während die andere ihren Weg durch das Erdinnere nehmen könnte. Sie käme natürlich viel schneller auf der anderen Seite der Erde an, weil sie nicht den Umweg auf der Oberfläche machen müßte. Wir reisen dann eben durch den Hyperraum wie in populären Science-Fiction-Romanen.

M: Obwohl sich das alles zum Teil anhört wie ein neuer Science-Fiction-Roman, werden solche physikalischen Theorien heute ganz ernsthaft untersucht. Wenn ich eine aktuelle Forschungszeitschrift aufschlage und durch den theoretischen Teil blättere, dann finde ich viele ernsthafte Arbeiten, die sich mit diesen Fragen beschäftigen. Unser neu gewonnenes Verständnis des Vakuums ist dabei, unsere Vorstellungen vom Universum entscheidend zu erweitern.

Geschichtlicher Abriß: Vakuum

Entwicklung der Vorstellungen vom "Vakuum"

ca. 500 v.Chr.	Parmenides (Gründer der eleatischen Philosophenschule) lehrt, daß das "Nichts" für eine Beschreibung der Welt unnötig ist
ca. 450 v.Chr.	Empedokles beschreibt Experimente mit der sogenannten "Klepshydra", die zeigen soll, daß die Natur die Erzeugung eines (Makro-)Vakuums nicht zuläßt ("horror vacui")
ca. 400 v.Chr.	Höhepunkt der atomistischen Lehre unter Demokrit, der behauptet, daß alle Materie aus unteilbaren Atomen aufgebaut ist, die sich im (Mikro-) Vakuum bewegen
ca. 350 v.Chr.	Aristoteles vertritt die Lehre vom "horror vacui". Der gesamte Raum ist von den vier Elementen (Feuer, Erde, Wasser, Luft) und dem Äther erfüllt, wobei die Begriffe Äther und Vakuum als gleichbedeutend hier angesehen werden können
1643/44	Torricellis Barometerversuche
1650	Otto von Guericke erfindet die Luftpumpe und demonstriert den Druckunterschied zwischen Luft und Vakuum

1687	Newton beschreibt in seinem Hauptwerk "Principia Mathematica Philosophiae Naturalis" die klassische Vorstellung vom absoluten Raum
ca 1850	Robert Boyle zeigt, daß sich Schall im Vakuum nicht ausbreiten kann, während Licht ungehindert hindurchgeht
1873	Maxwell entwickelt die einheitliche Theorie des Elektromagnetismus und sagt elektromagnetische Wellen voraus, deren Ausbreitung im Äther stattfindet
1887	Das Michelson-Morley-Experiment zeigt, daß das Vakuum nicht von einem materiellen Äther erfüllt ist
1905	Einstein entwickelt die spezielle Relativitätstheorie auf der Basis der Unbeobachtbarkeit des Äthers. Formulierung des Satzes von der Äquivalenz von Masse und Energie als eine Folgerung aus der Maxwellschen Theorie der Elektrodynamik
1915	Einstein entwickelt die Allgemeine Relativitätstheorie auf der Grundlage der Äquivalenz von schwerer und träger Masse. Der Raum (Vakuum) ist gekrümmt
1925-27	Formulierung der Quantenmechanik. Heisenberg stellt die Unschärfebeziehung auf

1932	Anderson weist das Positron in der kosmischen Höhenstrahlung nach
1930-35	Heisenberg, Pauli, Dirac und andere entwickeln die Quantentheorie des elektromagnetischen Vakuums. Vorhersage der Vakuumpolarisation und der Licht-an-Licht-Streuung (Delbrück-Streuung)
1947	Lamb und Rutherford stellen experimentell die Aufspaltung der Zustände in der L-Schale des Wasserstoffatoms fest und weisen damit die Existenz der virtuellen Teilchen im Vakuum nach.
1946-50	Feynman, Schwinger und Tomonaga entwickeln die Quantenelektrodynamik in ihrer modernen Formulierung und führen die Renormierung des Vakuumzustandes ein.
1949	H.C. Casimir zeigt, daß die Nullpunktsenergie des Vakuums veränderbar ist, und daß dieser Effekt physikalisch meßbar ist.
1960-65	Erste Vermutungen, daß der Vakuumzustand eine innere Struktur haben kann (Higgs-Felder, Goldstone-Bosonen).
1965-70	Erste praktische Anwendung von Vakuumstrukturmodellen. Formulierung der vereinigten Theorie der elektromagnetischen und schwachen Wechselwirkung durch Glashow,

	Weinberg und Slam. Vorhersage der intermediären Bosonen W und Z.
1970-74	Entwicklung der Vorstellung vom geladenen Vakuum in starken elektrischen Feldern und Vorhersage der spontanen Positronenerzeugung in Stößen sehr schwerer Kerne. Vorhersage der lokalen Veränderung der Vakuumstruktur.
1974 bis heute	Ansätze zu einer vereinigten Theorie aller heute bekannten Wechselwirkungen. Die mögliche Bedeutung der Struktur des Vakuums für das Verständnis der Natur der Schwerkraft und seine Rolle in der Entwicklung des Universums wird erkannt. Experimente zum Nachweis des geladenen Vakuums in starken Feldern.
1983	Nachweis der intermediären Bosonen W und Z am CERN, deren Massen aufgrund der bekannten Vakuumstruktur der schwachen Wechselwirkung recht genau vorausgesagt wurden. Nobelpreis 1984 an die Schlüsselwissenschaftler der CERN Experimente: C. Rubbia and S. Van der Meer.